suncolor

suncolor

好懂秒懂的

商業獲利
思維課

30堂翻轉財務思考框架

開店、創業、經營、工作績效有感提升

知名企業財務顧問 郝旭烈——著

suncolor
三采文化

推薦序
化繁為簡、活潑生活化

生生國際（香港）／家文化研究基金會創辦人　林安鴻

　　繼令人耳目一新的《好懂秒懂的財務思維課》後，旭烈（郝哥）又有效率的推出《好懂秒懂的商業獲利思維課》新書，讓人讚嘆他身體力行的分享熱情、正向能量、豐富學養與行動效率！

　　從上一本書的議題：財務管理的三指標：擁有資源來「活得下」的現金流量表、確保資源來「活得久」的損益表、累積資源來「活得好」的資產負債表，而涉及到的現金、資金、收入、成本、權益等等的觀念思維與範疇。

　　到這次新書的商業思維議題，則一路貫穿「獲利」與「價值」主軸，以他鮮明特色的化繁為簡、活潑生活化，深入淺出挖掘、詮釋的工夫，在生產、銷售、人事、研發與財務面向，提供個人與企業符合王道精神——以「利益平衡」的態度；以「共創價值」為手段；以「永續經營」為目標的探索與實踐。

　　相信各利益相關人在組織平台上的分工、合作、互助、共創、同享活動中，又可以在參閱旭烈新書字裡行間之中，得到好懂秒懂的啟發與受益。

　　祝福大家財務、商務、生活與生命的健康富足快樂！這應該也就是旭烈（郝哥）再接再厲出書的良善動機吧！

財務決策不會只是老闆、主管的事

大大學院 CEO 許景泰

　　你的公司賺錢嗎？你對公司實質的貢獻又有多少？無論你是哪一個職位，你每天所做的決策，是幫公司獲利？還是隱藏著巨大風險呢？

　　大多數人都認為「財務數字管理」是老闆、財務會計人員的事，跟自己沒有直接關係，但事實上正好相反。在你每天上班、工作，所做的每一個大大小小決定，都跟財務思維、財務決策緊密連動。換句話說，你若缺乏『財商能力』，所做的每一個決策，都可能帶來公司不必要的損失，嚴重的決定甚至可能讓公司面臨重大虧損、倒閉的危機。

　　市面上雖有各種財報或會計書籍，卻始終沒有一本真的能讓公司每一位同仁，在沒有財務背景下，也能輕鬆讀懂、立即活用，發揮自身工作崗位最大產值，讓公司真正賺錢的財務決策書籍。而本書的出版，正是讓全體同仁、上班族明白，如何將「財務思維」融入自己日常與工作中，並做出對公司巨大貢獻的寶典。

　　本書作者郝哥將「財務思維」融入在企業每天都在發生的「產、銷、人、發、財」五大面向，做了實際應用情境的生動詳解。本書一一詳實的解答企業經常遭遇的各種難題，例如：業務銷售人員不

能只看賺錢的能力，更要看到如何讓客戶「早點付錢」的本事？主
管訂下績效獎金制度，為何獎金都發出去了，績效卻不如預期該怎
麼辦？為何人多了，不僅工作效率沒變好，反而賺錢的部門開始虧
損連連？你我都知道研發重要，但「時間控管」可能更加重要？小
公司只想著拼命賺錢，不做好預算規劃，很可只是白忙一場……以
上種種，太多財務決策不會只是老闆、主管的事。而是從基層、中
層到高層，每個階層、環節在做選擇或決策時，都應清楚明白正確
的財務思維，也唯有如此才能將每一個單位貢獻產值最大化，公司
也才能集眾人之力發揮最大價值。

　　我很榮幸參與了郝哥從發想、構思到深入探究企業面臨財務
思維大小抉擇的歷程。我深深感受本書每一個問題都在幫助企業
建構經營決策能力，提升每個工作崗位財務智商能力，並養成人
人都有商業思維的習慣。唯獨如此，才能真正將「財務思維」落實
在每一個人身上。如同郝哥常說：「幫公司活得下、活得久、活得
好。」才是企業落實財務思維的真諦。相信這本書定能幫助每家
企業穩健地正向成長，避開中小企業最常見的財務經營問題，用
財務思維做出正確的商業決策，即使遇到「黑天鵝」衝擊，也能
安然度過寒冬。

累積更多人生真正的財富

VocalAsia 理事長／科華文教基金會董事長　陳鳳文

郝哥是天主安排的天使。

我與郝哥相識，是在一場音樂活動中，後來竟發現郝哥的母親，是一同在天主教會做痲瘋服務的朋友，常年無私奉獻，是我一直很尊敬的大姐，感謝天主巧妙的安排！幾年下來，越認識郝哥就越覺他是個「深不可測」的人，從金融財務分析，到管理教育訓練，是個陽光運動型男就算了，竟然還會作詞、作曲、自彈自唱兼寫書！郝哥可以說是我認識專長最豐富又多元的一個人！

我感謝天主，安排我們的相識，郝哥著實是一個有趣的人，用現在年輕人的話來說，就是斜槓到不行！我邀請郝哥與我們公司的主力幹部們演講，與公司主要接班團隊認識相談，都讓他們獲益匪淺。最讓我開心的是我們公司的接班團隊，都受到郝哥的啟發開始運動！郝哥有一個天主賜予的禮物，那就是激發人潛能的能力。每次看見他們生氣蓬勃能量滿滿的樣子，我內心都不斷感謝天主，感謝郝哥。誠如郝哥說的，金錢是財產，健康才是真正的財富！

我大學念的是財稅，創業至今，一直因為有財務觀念而受益匪淺。擁有正確財務觀念，可讓人一生受用。可是除非主修財務相關科系，否則一般人很少有機會學習財務觀念。很多人誤把財務觀念理解成賺錢方法，其實兩者完全不一樣。無論有沒有財務觀念，你

都可以靠機運、靠能力賺大錢；但是沒有財務觀念，你就很難留住這些錢，很難達到財富自由。我常常鼓勵引導我的兩個孩子多學習財務知識，可是他們一個學文科，一個學音樂，一看到那些拗口的名詞就呵欠連連，往往是每個字都看得懂，連在一起不知道在說什麼。身為母親，卻也苦於不知道該怎麼跟他們講述這些觀念。

郝哥笑談財務，把那些生硬又拗口的概念，用很生活化又幽默的方式傳達出來。讓我的孩子與團隊們，真的「好懂秒懂」，不但懂，還馬上應用！人生許多的轉向，都在一個轉念，誠如我女兒跟我說的，郝哥這位大天使，就是讓她在人生某個交叉點，幫助她成功轉念、豁然開朗，往更光明自在的方向前進。

郝哥總是樂在分享、樂在給予，我想這與他母親樂在服務的身教有關。我真的很開心，他用這一系列書籍，把好懂秒懂的財務觀念分享給大家，希望大家也受到郝哥的激勵，累積更多人生真正的財富！

感謝天主！謝謝郝哥！

非常值得當做案頭書

台新銀行文化藝術基金會董事長　鄭家鐘

　　看完旭烈的新書，結構嚴謹，觀念清晰、舉例秒懂、經驗好懂，符合我的期待。

　　三十堂課，由經營、人事、研發、財務四個構面破解一些常犯的快思（不深入的直覺反應）用觀念錨定方式來把慢想的深度用超級利於記憶的方式點化。

　　我舉個例子，談到經營中的應收帳款管理這個問題，他以台積電為例，輕鬆的用三個觀念「現金水位」、「收錢速度」、「花錢速度」總括了系統化思考的重點。

　　我也喜歡他探討「收錢定義」（第7課）

　　他以淡馬錫的工作觀察「尾款問題」很巧妙的告訴我們「服務商品化」（賣時間比賣設備廠房好收錢多了）、及「操作型定義」（以客觀可實現的驗證來定義驗收，避免爭議）來總結收錢良法，非常有啟發性。

　　這只是舉例，其實他在每一堂都會把需要深思的點歸納為二到三個觀念以錨定閱讀者的收穫，並出習題供讀者反思，這個體例已成「郝式風格」。對大家在快閱讀淺吸收的現在，無疑是個高明的部署方式。

　　工業工程背景的他，喜歡把每個課題整理得清清爽爽，能夠量

化的盡量量化舉例，凸顯其財務專業的表達方式。

　　綜觀所有章節，四個要素貫穿全部，從財務、人事及經營，所有的課題均可歸納為「量、價、時間、流程」的互動與優化，例如一開始的生產地圖，就以物料地圖、時間地圖，統攝了生產管理，然後再進到乘數效果當中的零錯思維與流程優化，來提出管理核心價值。非常精闢！

　　同樣的，在談到績效獎金陷阱時，他的確也踩到所有業務主管的痛處，對何謂「績效完成」？何時「收到現金」，怎麼與獎金掛鉤，說得非常透徹，我在電視台工作時也有相同經驗，很有共鳴！

　　在談到研發的時間管理時，他提出「最小可用」、「立即回饋」、「迅速修正」正是現在大家風靡一時的敏捷式開發思維邏輯！

　　旭烈以自身的工作經驗及當講師時接觸的企業案例為經、用「價量時間流程」四個維度交叉運用為緯，憑藉流利又精準的論述一扇一扇打開管理的各個該拿捏的關鍵方面，非常值得當做案頭書、當字典用，碰到問題時先查看郝哥怎麼說再下結論，是一種明智的選擇。

　　當然我也必須提醒，書本都是一種降維傳播，為了讓大家好懂秒懂，做了必要的簡化，跟實際經營的維度相比是降維的。也跟時下為了應付「羊毛出在狗身上，由豬買單！」或「我消滅你，與你無關，甚至不認識你！」的超限競爭相較，本書只是基本功的營運模塊，供你構建「常態經營」，至於碰到上述情形所需要的高維思考，期待作者會在下本書告訴我們！

讓人自然而然將財務貼近生活

前神旺控股集團執行總經理／敦煌文化弘揚基金會副會長　謝美慶

　　通常人的理性和感性會有一定程度的傾斜，透過郝哥口中念茲在茲的「舅舅」——台北旅店董事長戴彰紀的引薦，認識了郝哥，發現他是少數兩者平衡感極優的稀有物種。

　　偶然喝咖啡深聊後，意外的發現我們非比尋常的關係，不但是竹南同鄉，從小就認識他父親郝教官，可能小時候也見過他，而我的舅媽是他的國中數學老師，而在國小老師影響我們很深的竟然也是同一位班導師。

　　因為這樣種種的特殊因緣，而後在許多公益藝文活動上，我們有了更密切多元的接觸與互動。除了既有的財務專業外，單車、馬拉松、鐵人三項、吉他、二胡、古箏、禪繞畫、漫畫……十八般武藝，說學逗唱，真不曉得郝哥還有什麼不會的？

　　此外無論主持藝文沙龍，在專屬《郝聲音》Podcast擔任主持人，上各種直播廣播的課程或訪談節目，參與各種策略整合會議……，他總能運用清晰的財務思路，言簡易賅幽默詼諧的用他非常有磁性的聲音，切入問題侃侃論述分享著。

　　年後接到郝哥寫序的邀請，有點受寵若驚，因為關愛他的社會

賢達好友甚多，業已退休的我實在惶恐；因此建議他應該邀請其他
幾位共同好友，才能為他的新書加持，結果郝哥秒回：「您們幾位
我都邀請了！哈，太有默契了。我要找的是對我了解的偶像，何況
您是我尊敬的家鄉姊姊。」

如此有溫度的邀請，二話不說當下允諾。

寫序當然得善盡先睹之責，欣賞這次新書中下標題的新意，讓
人自然而然將財務貼近生活，書中提到生產線的生意理念：「準時
交貨，不是對訂單的承諾，而是自己活下去的門票。」但投射的是
處世的硬道理。

結語以書中這則標題：「追求完美，不是口號，而是企業經營
的態度和生活方式」。期許郝哥在他恩典的生命道路上，持續善用
上天恩賜的才華，展現更美好的利他志業，願他「日日是好日」。

找到困惑許久的答案

台北旅店集團董事長　戴彰紀

郝哥是我眾多晚輩中很獨特的一位年輕人，從認識到現在，每一年都看見他在進步中，從陪伴他認識單車運動開始，他就拿天母到冷水坑路段做練習超過兩百次，如此練習而累積出的實力，造就他瘦了十七公斤，也完成了陽明山 P 字道，俗稱 3P 的單車比賽，並創下佳績。

現在的身材就是標準的運動型男，我也介紹他玩鐵人三項，如今他又完成難度最高的 226 三鐵，成為名符其實的鐵人。

我個人喜歡支持表演藝術團體，一年有好幾場的沙龍，有西樂、有中樂、有舞蹈也有京劇，每一場都需要一位好的主持人，郝哥就是我心目中的第一人選，口才好、記性好、思路清晰，事前準備很下功夫。

我的朋友他大多認識，也是造就他成長動能的重要養分來源，而且每一個表演者上台前，我們都會花時間去認識、傾聽。了解他們的背景、學習過程及期待中的演出效果，因為做足了準備的功課，所以每一場演出之後必然大獲好評，重點是在我們共同為表演藝術付出的同時，郝哥認識了我這些企業界的朋友、表演團體的朋友，這種認識和美好的遇見，造就大量吸收長輩和表演者的成功或失敗經驗，這些養分就是優質內容的產出。

郝哥就是有一種天賦，能夠大量吸收、消化，然後精簡產出。

所以這本書看起來邏輯清楚、條理分明、深入淺出又易懂，就像喝到一瓶好酒，很有層次感，所提出的問題和所給的答案既清楚又明白，他有很好的專業底蘊又加上他近幾年來豐富的成長經驗，造就了這一本好書。

我極力推薦給大家，好好享受書中精采的內容，你必然會在書中的每一個章節裡找到困惑許久的答案，也許會找到你現在作法上的認同和共識。

作者序
如何賺錢獲利，看起來毫不費力？

　　很多人在和我聊天的時候，常常會抱怨公司沒有幫他加薪，老闆都不知道他有多辛苦，接著就會問我要怎麼樣和老闆談升官加薪？

　　這時候我就會問他：「你知道你幫公司賺多少錢？或者省多少錢嗎？」

　　通常我得到的答案都是：「這我哪知道？」

　　瞧！這就是問題所在！

　　幫公司賺錢或省錢，就是直接幫公司創造價值。

　　你連自己創造多少「價值」都不知道，可是公司卻付了你很確定的薪水；那你到底怎麼樣去說服公司老闆幫你加薪？

　　老闆找你進來公司，不是讓你「幹活」而已，更重要的是讓你幫公司「賺錢」。

　　身為銷售業務單位的員工，你爭取生意進來的收入，肯定要大於你自己的薪水，這樣子你對公司才值得。

　　身為生產製造、採購物料管理、或者是人事法務單位的員工，你所創造的工作價值，和外包給其他公司的成本之間的差異，也肯定要大於你自己的薪水，這樣子你對公司才值得。

　　打個比方，一個業務員，年薪 100 萬，當你幫公司帶進來年淨收入是 200 萬，那麼你當然就有談加薪的本錢；但如果你幫公司帶進來淨收入只有 80 萬，那麼公司不把你趕出去，就已經算是不錯了，你還敢談加薪？畢竟，你是造成公司損失的原因之一。

　　同樣的，如果你是一個法務人員，依照你工作內容或工作量，把相關工作外包出去給律師事務所，一年是 150 萬的花費，那麼你的薪水在 150 萬以內就相對是合理範圍。

　　簡單的來說，只要我們薪水，少於幫公司賺的錢，或者少於我們幫公司省的錢，這時候我們才敢說，對公司而言，我們是個「資產」；要不然我們不僅是公司的「負債」，更是個負擔。

　　所以，估算自己的價值，轉換成容易理解的「金錢數字」，不僅對於財務部門重要，對於職場的每個人甚至創業家更為重要。

　　也許有人會說，就算我知道幫公司賺了多少錢，或省了多少錢，我還是不知道該怎麼談加薪，那該怎麼辦？

　　這時候，你可以試試書中所說的，不管是自己、或者是部門屬下也好，每一年都持續不斷更新履歷表，然後試著把在公司的成就轉換成可衡量的數據之後，試著到市場上面，直接去找工作，看看反饋給你的結果到底是如何？

　　如果其他公司都拒絕你，或者給你的薪水都低於你目前公司，那麼你摸摸鼻子，在現有公司裡好好幹，持續不斷增加自己的價值

才是王道。

但若是其他公司給你非常高的薪資，遠大於目前公司，那麼不僅你有更好的加薪談判籌碼；說不定你也有讓自己開創另外一片天的轉職機會。

總之，身在職場，公司付錢給我們，實際上就是一筆「買賣」；不管是在哪個部門，薪水一定要匹配價值，這筆買賣才會成交。

這也就是為什麼每個職場上的人，都必須要學習「賺錢」和「獲利」財務思維的基本原因。

至於身為一個創業家，這樣的財務思維價值，就更顯而易見了。

公司就像「人」一樣，各個部門如同身體的所有器官，器官都健康了，整個人才會健康有活力。也可以說每個部門就是團隊的不同成員，每個成員都厲害，團隊才能夠取得勝利。

所以，生產、銷售、人事、研發、財務，就像一個籃球隊的五個人一樣，每個人都要發揮它的效益，才能讓得分，也就是賺錢獲利，看起來毫不費力。

非常喜歡兩句話：
「成功是團隊的事」
「變強是自己的事」

所有個人都賺錢獲利，部門就賺錢獲利；
所有部門都賺錢獲利，公司就賺錢獲利。

　　幫助自己，就是幫助公司；

　　幫助公司，就是幫助自己。

　　這也就是為什麼我誠摯的希望這本書，裡面包含所有生產、銷售、人事、研發、財務各個部門裡面，賺錢省錢的方法和工具，能讓所有職場的人們，以及公司的主管或創業家，能夠切身實用的建立「賺錢獲利」的財務思維；幫助自己，也幫助公司成功。

郝旭烈 Caesar Hao

目錄

■ 生產地圖
你知道錢花哪去了嗎？

兩種資源地圖，幫你找出成本節約的方向

> **資源地圖，帶你找到每一分錢努力的方向。**

　　我最常碰到一些公司老闆或創業家和我討論的困擾就是，搞不清楚錢到底花到哪去了？其實這並不是說這些老闆們真的不知道自己花了多少錢，又或者是沒有任何會計憑證以及帳務的相關資料，通常他們真正的問題是：「知道花了那麼多錢，但是琳瑯滿目的花費，到底哪些是該花，哪些是不該花的，有沒有一個參考的標準，可以作為節約成本的開端？」

　　其實說到底，企業的型態不管是生產製造又或者是勞務提供，所有的成本費用不外就是兩種形式，一種是看得到的「有形資源」，例如所有機器設備和原物料等；另一種就是生產商品或者是提供勞務的「無形過程」，譬如最常需要衡量的「工作或人力投入時間。」

認識兩種成本花費的資源地圖

　　現在就簡單把它定義為兩種成本花費的「資源地圖」，不管是企業也好，甚至是個人也好，只要能夠把這兩個資源地圖隨時更新，並且按照重要性或者說是花費多寡來進行排序，就可以知道從哪邊著手來進行成本節約是最有效率也能夠達到最大效能的。這兩個資源地圖分別是：**1. 物料地圖　　2. 時間地圖**

1. 物料地圖

　　物料地圖簡單來說就是把做生意所需要用到的所有原物料進行展開，了解我們所提供給客戶的最終商品，到底是怎麼樣一步一步的從最基本的原物料，組成客戶所需要的最終成品。

　　在生產管理裡面，物料地圖有一個非常重要專有名詞，叫做「物料清單」，英文叫做 Bill of Material，簡稱 BOM；以前學生時代在念工廠管理或生產管理時候常聽到的 BOM 表，指的就是產品展開的物料清單。

　　這個 BOM 表或是物料清單，就是把產品明細和用量列舉出來，讓人一目了然所有產品組成到底有哪些內容；如果這時候再把所有這些用料的價格附上，那就更清楚整個產品的成本結構。

　　譬如我的一個好友是專門做手機皮套的，我請他提供真牛皮皮套的物料清單，它的物料清單和成本結構展開的內容如下：

真牛皮皮套　物料清單			
項目	單價 USD	用量	成本 USD
面皮（真牛皮）	2.4	1	2.4
內裡	0.8	1	0.8
環扣	0.2	3	0.6
縫線	0.05	4	0.2
小計			4.0

從這一份簡單的清單就可以看得出來，光面皮還有內裡就占了所有成本 80%（3.2/4.0），而主要面皮這一項成本也占了成本 60%，所以說，如果希望能降低產品成本，從面皮或者是面皮和內裡著手就比較容易得到最大成效。

果然不出所料，有一些特定市場就需要非常便宜的皮套，搭配著手機銷售直接用送的，所以好友一口氣就把整個牛皮換成了塑膠面皮，成本減了 2 元，又把內裡的成本減了一半，變成了 0.4，所以一下子就把成本降了 2.4 元，也就是總成本從 4 元降到 1.6 元，減幅高達 60%。

真牛皮皮套 物料清單（調整後）

項目	單價 USD	用量	成本 USD
面皮（塑膠皮）	0.4	1	0.4
內裡（新）	0.4	1	0.4
環扣	0.2	3	0.6
縫線	0.05	4	0.2
小計			1.6

另外大家可能會更有感覺的物料清單，就像在烹飪時候常常會用到的「食譜」。只要認真研究食譜，就可以了解一個食品整個食材用料和成本結構。例如有個專門做高級糕點的好朋友，他的所有甜點裡面有一個超級屬害鎮店之寶是奶油水果派；光聽名字就知道奶油和水果是這個商品的最大亮點，一直以為他這個商品賣得這麼好肯定是獲利最高的，但是後來他告訴我，事實上在

他一開始推出這項產品的時候毛利率只有 20%，也就是賣價 100
元，光材料成本加起來就 80 元。

奶油水果派　物料清單			
食譜	單價 NTD	用量	成本
奶油	10	3	30
水果	15	2	30
麵粉	2	5	10
其他	10	1	10
小計			80

原來由北海道進口的奶油，他找了台灣當地代理商一下子成
本降低了 60%，單價從 10 元降到 4 元；水果內餡也直接找到了
產地農夫，把單位價格從原來的 15 元降到了 9 元，這樣整體換
算下來，成本由原來的 80 元下降到了 50 元，而毛利率就一下子
從原來的 20% 提升到了 50%。（從賺 20 元，提升到賺 50 元）

奶油水果派　物料清單（調整後）			
食譜	單價 NTD	用量	成本
奶油	4	3	12
水果	9	2	18
麵粉	2	5	10
其他	10	1	10
小計			50

　　所以攤開產品「物料清單」，就很容易理解我們成本到底重點花費在哪裡，當要採取降低成本方案的時候，就比較容易集中在重點項目上面而達到很明顯成本節約效果。

　　這也就是為什麼很多資本密集的半導體生產廠商，譬如台積電、聯電等等，當遇到經濟不景氣的時候，不會像一般公司採取裁員的措施，而是採取放無薪假、降低工作時數，甚至只是讓員工們發揮創意看如何進行成本節約，來共體時艱共度難關。

　　如果把他們的成本結構攤開來看，其實就會一目了然，因為像機器設備成本占比非常重的公司，假設 100 元的成本裡面，折舊費用可能就占了 70%，其他的原材料和水電等等占了25%，而人力只占了 5%，所以就算你把人力全部都給裁光了，對整體產品成本的減少也是微乎其微，這也就是為什麼了解成本結構、了解物料清單，對於成本策略的制定能夠有事半功倍的效果。

半導體生產廠商　成本結構	
項目	成本占比
生產設備資產折舊	70%
原物料及水電資源	25%
人力成本	5%
小計	100%

2. 時間地圖

第二個跟成本非常相關的就是「時間地圖」了，其實簡單來說就是把所有的「工作流程」展開，看看「時間都到哪去了」？

因為只要能把清楚的流程圖給繪製出來，就可以知道生產製造或勞務提供整體花費的時間到底是多少，也可以把每一個階段不同花費的時間分析出來，然後看看在每個不同階段裡面到底耗用了多少資源？

尤其針對一些特別長時間的工作流程，如果能夠大幅度減少工作時間的話，不僅可以節約費用成本，甚至可以提前完成生產服務，縮短對客戶的交貨期，降低客戶的庫存成本，說不定能進一步提高對客戶的價格，如此一來對公司將有非常大的好處。

譬如之前認識的一個手機殼製造廠商，有一次推出了一個非常漂亮的 iPhone 手機殼，樣品一出來大家都爭相叫好，但是廠商卻一臉苦惱的表示，設計雖然好看，但是整個生產流程太花時間，因為工藝設計的關係，讓每天的產出實在是少得可憐，同樣的產能別人的機殼在工廠裡每天可以產出一萬片，但是他的機殼每天工廠只能產出 1,000 片，除非他給工廠的價格是別人的 10 倍，要不然沒有人願意為他生產。

後來這廠商就和生產單位認真研究整個製造流程，把最重要的三個重大製程時間減少了 90%，換句話說也就達到和一般手機殼一樣的產出水準。在這種情況之下，他就可以要求製作工廠給

他和別人一樣的優惠價格；而又因為他的設計比其他手機殼更有
特色，不僅能夠得到客戶的青睞，還可以賣出更高的價格，讓他
這一款商品淨賺了不少利潤。

手機殼廠商的時間地圖		
機殼細項	舊 款 設 計	新 款 設 計
製程一	30 分鐘	5 分鐘
製程二	240 分鐘	20 分鐘
製程三	30 分鐘	5 分鐘
小計	300 分鐘	30 分鐘

　　這樣的時間地圖管理，不僅適用於生產流水線，其實對服
務業而言也是非常關鍵，譬如像大家熟知的優衣庫，或者是很多
的大賣場。為什麼優衣庫的結帳櫃檯不要只設計一、兩個或者是
兩、三個就好了，而是一大排？

　　根據許多的研究顯示，在顧客消費採購過程當中，對於滿
意度體驗，印象最深刻部分常常是發生在最後結帳這個環節，如
果結帳時間等待過久，不管是人潮擁擠也好、付款方式太複雜也
好、又或者是操作員熟悉程度不夠也好，都會造成消費者極大的
反感，而留下非常差的「終值體驗」。這個「終值」的意思，也
就是消費結束時對整體最終價值的感受。
　　通常這種感受會決定客戶對於店家的評比，而等待時間越久
處理速度越慢，這種結帳的體驗很容易讓客戶留下極差的負評。

　　這也就是為什麼很多類似大賣場，或優衣庫等人潮眾多的店面，會設置很多的結帳櫃檯，甚至還會提供各種不同的支付方式，就是要大幅縮短這個會影響顧客觀感的「等候時間」。

　　換個角度思考，多設計了幾個結帳櫃檯，以及方便客戶結帳的支付方式，不僅大幅縮短客戶的等待時間，並提升客戶的滿意度；更重要的是公司也大大增加了單位時間內的「交易次數」和「銷售總額」。對企業而言，等於同時提升了運作效率（時間降低），以及經營效能（收入增加）。由此可見了解時間地圖，分析並進而優化工作流程是一件多麼重要的事情。

　　總之，了解企業到底錢花到哪裡去了，可以先從分析兩個資源地圖開始：一個是「物料地圖」，類似常說的物料清單或者是 BOM 表，又或是烹飪用的食譜；另外一個則是「時間地圖」，其實就是工作流程，和流程裡面每一個工作項目所耗費的時間。

　　只要認真建立自己的物料地圖和時間地圖，隨時更新、隨時分析，找出重點及耗費最大的部分，並持續優化，相信對於企業而言一定能夠很快看到成本優勢，並進而提升企業競爭力。

▶本課重點

想要節約成本，就必須認真分析並且優化自身的兩張資源地圖。

1. 物料地圖：商品所有原物料的展開。

2. 時間地圖：所有生產及服務工作流程展開。

課後練習

列出你在企業內幾個主要「工作項目」和「預期產出」並把
這些工作項目的過程步驟分別列出來，並看花了多少時間；
然後再檢視看看自己有沒有辦法縮短這些工作時間，並進而
提升自己產出的效率。

_____

_____

_____

_____

_____

_____

_____

_____

_____

_____

_____

第 **2** 課

■ 乘數效應

小錯誤不會造成大損失？

兩個優化方式，避免恐怖效應

追求完美，不是口號，
而是企業經營的態度和生活方式！

在公司裡常常會聽到同事們犯錯被主管責罵之後，同事的反應是：「不過就是個小小的錯誤而已嘛！有必要這麼生氣嗎？」

是啊，如果我們聽到這樣的評論，而也表示同意的話，那就代表我們認同：

「對於所謂『小小的錯誤』，所會帶來的後果，應該是只會有『小小的損失』」，所以對公司的運營應該不會有太大的影響。

因此老闆或者是主管也就不應該小題大做，對小小的員工發太大的脾氣甚至是過度的責罵。

但是，事實真的是這樣子嗎？

小小的錯誤真的只是帶來小小的損失嗎？

首先必須要了解的是，所有的工作成果是整個工作流程步驟累積「乘數」的結果，而不是所有步驟「加法」的結果。

舉個例子，如果要做一個陶瓷花瓶，需要捏塑、上釉，一直到燒陶三個步驟，就算你捏塑、上釉這過程做得多麼完美，都沒有瑕疵，品質是百分之百，但是如果燒陶燒壞了，甚至是破損了，整個成品就是零。

用數學算式來表示整個產品製程，就相當於是三個步驟：

捏塑（100%）× 上釉（100%）× 燒陶（**0%**）
= 成品（0%）

這就是為什麼我說最後產品的品質，是所有工作流程累積「乘數」的結果。

你可能會說，燒陶失敗讓成品變為 0%，這種例子太極端了，不符合我要描述的小小錯誤，如果是小小錯誤的話就不會有這麼可怕的結果。

真的是這樣子嗎？如果產品品質滿分是一百分，我們做到 99 分是不是就很好了呢？

把上面的例子稍微做一點變動，假設一個商品有 100 個步驟，而每個步驟都可以做到接近完美品質的 99%，那麼這個商品最終出來的品質到底是多少呢？

> **商品良率的計算**
>
> **一個商品製程有 100 個步驟，每個步驟接近 99% 完美，產品最終良率：99% 相乘 100 次**
>
> $99\%^{100} = 36.6\%$

你沒有看錯，99% 的 100 次方等於 36.6%，也就是說 100 個連續的工作流程步驟，如果每一個步驟就算品質良率高達 99%，最後做出來的產品品質良率也只有 36.6%，連四成都不到。

用更白話一點說，就是每做出 10 個產品，有 6 個都是壞掉的。這時候還是覺得一個小小的錯誤，只會帶來小小的損失嗎？

透過上面的例子，大家可以清楚的理解到工作的良率、還有整個流程的複雜度，會非常關鍵的影響產品最終品質，所以在此提供兩個思考方向告訴大家怎麼樣在工作的過程裡面降低我們的損失：

1. 零錯思維　　2. 優化流程

兩個方式優化避免恐怖效應

1. 零錯思維

企業是一個非常複雜龐大的機器，不管是生產或者是服務流程，其實都是有非常多的步驟一點一滴累積而來，所以說每一個步驟小小失誤累積起來就可能變成大大的災難。

很多品質管理理論為什麼精益求精的幾乎是要追求到完美地步，原因就在於此，不管是「戴明品質管理」、「六個西格瑪」，甚至是最近非常流行的「零錯誤」，在在說明就算是小小錯誤，我們都要找到發生原因，一定要不二過，把它消弭於無形，才能避免連鎖反應所造成不可預期的結果。

　　就像我曾經工作過 10 多年的半導體產業，所有的半導體晶片最終成品都是經過幾百道的製程才能夠完成，所以打從一開始在每一道製程中，幾乎都會被要求要達到 百分之百的產品良率，要不然到最後所造成的損失是沒有辦法衡量的。

　　舉個例子，假設有一個晶片製程是 300 道步驟，不良率在每一道步驟都是 0.1%，最後的產品良率也只不過能達到 74%。換句話說，在這個 300 道步驟的生產過程裡，就算每一道步驟品質都好到 99.9%，到最後你每完成 4 個產品，其中也有一個是壞的。

當不良率為 0.1%，商品製程 300 道

最終良率：$99.9\%^{300}$ ＝ **74%**

↑代表 100 個產品有 74 個是好的

　　如果不良率從 0.1% 提升到 1%，你猜猜這樣的情況會有什麼樣的結果？到最後成品的良率和 74% 只會相差一點點嗎？

　　不，絕對不是相差一點點，而是天壤地別的差距，到最後這個產品的良率竟然只剩下 5%，也就是每完成 20 個成品，只有一個是好的，而其他 19 個卻全都是壞的瑕疵品。

當不良率為 1%，商品製程 300 道

最終良率：$99\%^{300}$ ＝ **5%**

↑代表 100 個產品只有 5 個是好的

　　所以不要輕忽每一個小小的錯誤，每當發現這種小失誤、小疏失的時候，一定要認真對待，並找出發生的根本原因，然後制定防堵或者是防止再度發生的機制，才可以避免這種連鎖的「乘數效應」造成公司難以想像的損失。

2. 優化流程

　　第二個可以降低損失的方式就是優化流程，其實更簡單的說就是看看能不能縮短流程，或者是處理方式在生產或者是提供服務上面能夠更加有效率。

　　其實光就縮短流程這件事情而言，對於品質的提升就可能產生很大的效果；假設用前面同樣的案例，如果原來生產過程是 300 個步驟，經過改良之後把它減少到 150 個步驟，那麼如果每道步驟是 99.9% 的良率，最終產品的良率就會由原來的 74% 大幅提升到 86%。

當不良率為 0.1%，商品製程 150 道

最終良率：$99.9\%^{150} = 86\%$

　　而如果每道步驟是 99% 的良率，那麼最終產品的良率也會由原來 5% 大幅提升到 22%。

當不良率為 1%，商品製程 150 道

最終良率：$99\%^{150} = 22\%$

最終良率的優化流程比較表		
	300 道步驟	150 道步驟
每道良率 99.9%	74%	86%
每道良率 99%	5%	22%

　　所以從這個案例的比較，大家可以看得出來，縮短流程或者是優化流程對於品質的改善可以起到多麼大的作用。

優化流程的四個指導方針

　　在此提供優化流程四個指導方針的小技巧，分別對應的就是四個英文字母 ECRS，也就是刪除、合併、重排、簡化，掌握這四個原則，相信能夠幫助大家更有效的解決流程問題。

A. Eliminate 刪除

　　「刪除」就是把不需要、無用的步驟給盡量去除掉，尤其就像生產管理大師戴明說過的，「品質是做出來的，而不是檢查出來的」；所以如果生產環節已經考慮所有可能失誤的部分，那麼很多的「檢驗流程」就可以盡量減到最低甚至把它刪除。千萬不要小看這個檢驗流程，不僅僅是耗費成本的過程，也是可能增加疏失發生錯誤的過程。

B. Combine 合併

「合併」亦即把原本要分開來做的工作合在一起做，如此就可以降低工作的負擔、提升效率，甚至提高客戶的滿意度；譬如我們抽一次血就可以做好多的身體檢驗，又或者是說接種三合一疫苗、五合一疫苗，也就是說打一針就可以達到三到五種不同疾病的免疫效果；這些就是將各種不同的檢驗，還有各種不同的防疫注射合併在一起，不僅降低醫護人員的負擔，也會提高看診病人的滿意度。

C. Rearrange 重排

「重排」就是把原有的服務或工作流程透過不同的目的重新進行安排，這種重新安排可能是因為客戶的不同、產品的不同，或者是工作目的的不同，但是透過重新排程之後，會讓所有的流程效率和用戶的滿意度都同時提升。一個最明顯的案例，就是速食店的得來速車道，同樣都是客戶，但是走進來的客戶和開車進來的客戶，將它區分開來之後，不僅讓雙方排隊的時間都減少、提升客戶的滿意度，甚至連速食店家需要提供的停車位也可以大幅的縮減，進一步減少原來的開支。

D. Simplify 簡化

「簡化」有的時候是一種非常需要創意的發想或設計，也就是把複雜的東西盡量單純化，這可能是前面三種方式整合過的結果，也可能是一種全新的思維方式。舉個過去最簡單的例子，整

個手機的發展歷程，從簡單的數字鍵，到黑莓機把幾乎整個鍵盤都搬到小小的手機上，到最後還是由蘋果 iPhone 的「一鍵」給整合搞定，這就是一個「簡化」最極致的案例。這麼一個簡化的設計，讓人們減少了大幅操作的不便性，也提升了用戶的滿意度，更創造了 iPhone 的銷售奇蹟。

所以，不要輕忽任何的小小錯誤，透過「零錯思維」隨時認真對待每一次的疏失，找出根本原因，並修正避免再度發生；以及持續不斷地「優化流程」，透過 ECRS 刪除、合併、重排、簡化的四個原則，提升工作的效率和效能；就會讓企業乘數效應的損失風險降到最低甚至消失於無形。

▶本課重點

不要小看工作中每個步驟的小錯誤，經過累積乘數效應之後所帶來的巨大損失，可透過兩個方法加以改善：

1. 零錯思維：關注任何小錯，找出根本原因避免再犯。
2. 流程優化：透過 ECRS 刪除、合併、重排、簡化，不斷優化或縮短生產及服務流程。

課後練習

以自己的工作或公司的產品服務為例，列出可能發生的小小
錯誤有哪些？而我們又可如何避免持續發生？
另外透過 ECRS 四個原則，可不可以思考怎麼縮短或優化你
的工作流程？

■ 連鎖反應

延遲交貨沒什麼大不了？

三個步驟，規避重大連鎖反應的損失

準時交貨，
不是對訂單的承諾，而是自己活下去的門票。

　　在半導體產業工作的時候，「準時交貨率」是工廠很重要
一個生產績效指標。

　　每一天每一個早上重要的生產會議，除了討論待解決問題、
交辦事項，以及相關管理專案之外，最重要莫過於觀察每一批
貨、每一個生產步驟是不是都依照原來計畫按部就班進行著，
如果有任何特殊事件導致生產步驟有延遲情況發生，製造單位
立刻就要拿出因應方案，看看如何把延遲時間給補回來，最重
要的目的當然就是完成對客戶的關鍵承諾：「準時交貨」。
　　而這個指標若是沒有如預期達成，甚至是有嚴重落後情況
發生，通常對於生產單位而言，不管是考核或者獎金發放就會
有非常嚴重影響，所以「準時交貨」就會變成大家非常有共識
的企業文化，也會因此而深植在每個人日常工作生活當中。

　　這個時候或許有人會問：「遲一點交貨也應該不會有太大
的影響吧？」
　　大家一定都有搭乘過各種不同大眾運輸工具經驗，不管是
公車、火車、高鐵，甚至是國內外航空公司的飛機也好，請問

既然選擇了這個時間的交通工具，你最大的期望會是什麼呢？
大家的答案應該都是一樣吧，不外就是準時到達、準時啟程，
然後把你準時送達目的地。

　　因為這個「準時」，和你「所有計畫」息息相關，你之所
以選擇這個時間的交通工具，一定是連接著你下一個行程；假
設這個「準時」沒有依照承諾來完成，那麼對於你下一個行程，
又或者是接下來的所有行程都會造成影響，而這個影響最嚴重
的情況甚至有可能是『連鎖反應』災難性的結果。

延遲造成可怕的連鎖反應

　　舉個例子，過去從中國和台灣往返，飛機不能直飛，都要
先到香港然後再轉機到目的地。有一次我從工作地的南京要飛
回台灣，祕書幫我安排在香港轉機的時候很貼心的在香港只間
隔一個小時的時間，避免讓我在中途等待太久；但是沒想到在
南京起飛的班機居然延遲了兩個小時才起飛，因此當降落到香
港時，回台北的班機已經離開了，巧的是那剛好又是當天最後
的一班回台北的飛機，所以我就獨自一個人在機場睡了一晚，第
二天再搭班機回台。

　　重點是第二天原來一早在台北有一個非常重要的會議，就
因為我抵台的時候已經快接近中午，所以所有人的行程都被迫
臨時改變，而其中幾個重大的決議也因此被迫延期。

　　還有一次我要搭高鐵去南部進行一場兩個小時的演講，邀請的公司是一年一度重要策略會議，把我排在最後一場關鍵分享。沒想到當天高鐵發生了重大誤點，整個時間延遲了一個多小時，所以當我到達的時候，整個會議已經接近尾聲，而這些高管都已經安排好了回程高鐵或者是飛機，因此會議也不能往後延，當然我的整個演講也就隨著這一年一度的策略會議結束而泡湯。

　　從這兩個例子大概就可以感受到，「準時」這兩個字的重要性；如果沒有依照原有計畫而延遲，所影響的絕對不只是當下的那件事情，更重要的是後面會造成一連串可能更嚴重的連鎖反應。

　　就像我曾經待過的 DRAM 半導體公司，產品價格降幅和劇烈波動的程度，幾乎是每個禮拜甚至每天都有很大的變動；有時候不到一個禮拜的時間產品價格就有可能下降到 10%，而且當時的銷售價格又是用每周類似期貨市場的市場報價作為基準，然後對客戶進行交易結算。

　　如果交貨時間晚了一個禮拜，而價錢下降了 10%，那麼這批貨原來是 1 億的價格，就立刻下降變成 9,000 萬，也就是在一個禮拜時間內就少了 1,000 萬的利潤。想想看，這個「延遲」的影響還不嚴重嗎？

　　更有甚者，我曾經遇到一個 IC 設計公司的老闆，他說他原

來業務有 90% 都是依靠著一個大客戶，但有一次他的 IC 代工廠把他的交貨時間延遲了兩周，以至於他後續的其他測試包裝排程全都被打亂，等到他商品完成可以交貨的時候，已經比他原先承諾給客戶的時間晚了快一個半月，好巧不巧這時又剛好碰到經濟景氣的谷底，所以他的客戶就拒絕收貨，讓這位 IC 設計公司老闆一下子資金周轉不過來，直接淪落到結束公司的悲慘命運。

這就說明為什麼特別強調在半導體製造生產的時候，對客戶「準時交貨」這承諾是一個非常重要的生產績效指標，因為它代表的不僅僅是按時完成生產，又或者是避免價格下跌，更嚴重的時候可能會攸關一家公司的生死存亡。而如果這個關門倒閉公司是你的客戶，而且是因為你的延遲所造成的，這不僅會影響你未來的收入，更重要的是也會影響到其他的客戶對你準時交貨這個承諾的看法，當然就會影響到你未來的訂單了。

準時交貨的三個管理步驟

千萬不要把「延遲」這件事情當作是可以輕忽的小事。而要在日常管理中透過三個步驟，盡量把自己的準時交貨朝百分之百的目標邁進。這三個步驟分別是：

1. 緩衝時間　　2. 衝擊評估　　3. 備案規畫

1. 緩衝時間

所謂「緩衝時間」就是我們承諾的交貨時間到下一個行程開始的時間，這一段就是交貨理論上可以調整的最大時間。

譬如完成商品之後，客戶接著要把完成的商品送到包裝廠去進行包裝，如果完成商品到包裝廠開始進行包裝中間有三天的時間，那麼這三天的時間就是最大可以調整或延後交貨的「緩衝時間」。

或者用轉機案例來說明就更加的清楚，如果原來祕書讓我停留在香港的轉機時間只有一個小時，那麼這一個小時就是我的緩衝時間，假設在南京起飛要前往香港的班機延遲的話，最大的延遲時間就不可以超過一個小時；但是如果我擔心這一個小時的緩衝時間太過於緊張，那麼我就可以在南京訂比較早一點的班機，又或者是在香港訂晚一點的班機，這兩種方式都可以讓我的緩衝時間能夠加大。

再拿上面生產的案例來看，如果客戶在完成商品之後要送去包裝廠，而你覺得這過程中的運送距離或時間比較長，三天的緩衝期不夠的話，那麼我們就可以要求我們生產線加速生產，提早交貨；或者是和客戶協調延後包裝開始的時間，如此才能夠讓兩個行程的銜接順利的進行。

2. 衝擊評估

就算再縝密安排，計畫也有可能碰到延遲情況，所以在安

排交貨時間時，一定要想到如果延遲發生可能造成什麼樣結果，這也就是所謂的「衝擊評估」。

　　譬如上述的商品生產，如果沒有準時到達包裝廠，以至於延遲了包裝，但是因為包裝廠本身的產能很大，所以就算延遲個一個禮拜都可以即時上線，而且不會影響最終商品上市時間，那麼相對而言延遲所造成的衝擊就比較小。

　　但如果包裝廠本身產能就是滿載，一旦延遲交給包裝廠，不僅包裝廠要延後一個月交貨，甚至會嚴重影響客戶的上市時間，那麼這樣的衝擊就非常的大，而我們就必須更要認真思考如何調配產能，讓客戶訂單能夠準時出廠交貨。

　　再來看看飛機轉機案例，假設我在香港因為延遲坐不到飛機晚了一天回台灣，而第二天沒什麼重要事情，那麼這樣子的衝擊就相對較小。

　　但如果第二天一大早有很重要的會議，而且如果沒有參加，很可能會造成公司重大損失甚至是訂單取消，那麼這種延遲衝擊就會有非常大負面影響。

3. 備案規畫

　　評估完交貨延遲所造成的有形無形衝擊之後，我們就要針對衝擊的大小和重要性程度安排可能的備案來加以因應。

　　譬如以生產線案例來看，如果交貨延遲對於客戶影響程度

非常高，不僅可能造成利潤損失，甚至可能影響在市場上存活空間，那麼就要思考怎麼樣能夠讓客戶訂單在我們生產排程裡面拉到比較高的生產順位，讓延遲風險盡量為零。

如果人算不如天算，真的有可能延遲的時候，我們也要看看是否訂單能夠在生產線上加以置換，讓這個衝擊比較大的訂單可以得到更充裕的資源準時出貨。甚至在必要的情況之下，都可以和友廠或者是關係不錯的同業請求產能的協助，讓這筆訂單能夠達到客戶預期交貨的目標。

而又回到轉機案例，如果真的有延遲風險或者是真延遲了，但結果只不過是晚回家而已的話，那麼我們也就摸摸鼻子冒個風險，大不了就在機場湊和著睡一晚就好了。

可假設第二天會議影響至關重大，不可以有稍許閃失或延遲的話，那麼除了在事先就把緩衝時間盡量拉長之外，當真的延遲發生時，也要有隨時準備用商務艙或頭等艙——這種非常貴的成本座位，把我們在第二天一早以前送回來的備案打算。

所以做生意，「延遲交貨」是一種違背承諾的結果，影響的不僅僅是公司的品牌形象，更可能是會危及客戶生死存亡，也連帶影響未來發展。

因此每一筆訂單，除了盡可能的準時交貨，完成對客戶的承諾或使命之外，也要做好三個重要的工作步驟：「緩衝時間」、

「衝擊評估」和「備案規畫」。目的就是希望藉由事前預防和事後補救，真心把客戶的利益和我們的利益綁在一起。

畢竟，幫別人成功，就是幫自己成功。

▶本課重點

準時交貨，是一種信用的表現；如果延遲，很可能會產生意想不到的負面連鎖反應，所以可以透過三種方式加以評估和避免：

1. 緩衝時間　　**2.** 衝擊評估　　**3.** 備案規畫

課後練習

用自己工作或公司產品為例，如果延遲交件或交貨的話，透過前面所學的三個步驟，了解一下你的緩衝時間是多少？可能的衝擊有多大？而可供你選擇的備案又有哪些？

_____

_____

_____

_____

_____

_____

_____

_____

_____

_____

_____

■ 產能冗餘

接單越多產出怎麼沒有更多？

兩個關鍵，讓效能大提升、賺更多

保留空白，會讓你比預期得到的更多！

　　或許大家都會有同樣的經驗，平日去光顧某些知名餐廳的時候，不管是用餐感受、服務態度、菜色口味，甚至訂位入座過程等等，都讓我們感受賓至如歸以及超越期待；但是同樣的餐廳，同樣的環境與服務人員，到了假日人潮洶湧的時候，很多的美好，瞬間都不一樣了。

　　首先最直接的就是要大排長龍，甚至要領號等待，有時候一等可能就是一、兩個小時；然後，終於開始入座準備點餐的時候，人聲鼎沸四處吵雜的聲音，可能連點餐都是一種嘶吼的痛苦。之後上菜的時間要不就是讓人望眼欲穿，要不就是上來的不是你點的、或你點的卻一直不上來，而壓垮滿意度的最後一根稻草，就是整個菜色口味讓你懷疑是不是自己一開始就走錯了餐廳。

　　為什麼？
　　為什麼同樣的一家餐廳，平日跟假日會有著如此大的差異？
　　答案就是因為：「太滿了！」

　　不管是餐廳也好、生產製造的工廠也罷，甚至是每個人日常生活工作，只要是太滿了，滿到無法承受的地步，也就是讓生產

的產能幾乎達到了臨界點，甚至超出了臨界點，那麼就沒有辦法「好整以暇」面對原本的服務和生產流程，自然而然在品質或者產出上就反而會有不升反降的效果。

工作、生活都需要適當「留白」

以前在半導體工作的時候，每當在計算成本進行產能假設，所有的產能都不是用機器百分之百的利用率來進行測算，反而是使用產能的 85% 當作是生產設備的標準產出。

這個主要的關鍵當然是所有的機器設備都要考量定期的保養維修，不管是每年、每季或者每月，都要空出一段時間進行健康檢查，而這個時間當然就不能納入生產產能的利用率。此外，所有的機器設備在生產流程當中，都需要一定換線或等待的時間，這部分時間的保留，是讓工作人員能夠有充分準備確認機器運轉和生產配置的正確，才能避免因為搞錯排程而造成重大的損失。

所以標準產能雖然是 85%，但事實上這少掉的 15% 並不是浪費，而是根據過去經驗所刻意保留下來的「空白」；而就是因為這個「空白」，反而能夠使產出的效率和效能更高，且最終強化客戶滿意度並進而提升公司整體收入和利潤。

其實回到個人的工作、生活也是一樣的道理。

記得我在中國淡馬錫集團工作的那段時間，由於一個人待在那，相對地個人時間比較多，所以剛開始的時候很刻意把自己每天行程都排得滿滿，工作之外，每天下班之後，除了晚餐，接下來還要安排閱讀、寫文章、健身跑步、拉琴舞蹈和詞曲創作。這樣看起來充實飽滿的生活安排，確實在一開始的時候讓自己充滿朝氣，每天都覺得日子過得超級紮實。

但是這樣的時光撐不了多久，我就放棄了。原因其實非常的簡單，就是一個字：「累」！誰能夠承受每天都把自己塞得滿滿的，幾乎沒有任何一點喘氣時間，而能夠長此以往的生活下去？一、兩天還可以，等到時間越長，所有的熱情與樂趣都被疲勞搞得消失殆盡了。

所以最後就把上面那些原來的「每天安排」分散到「每周安排」，那麼我還是把這些該做的興趣和規畫都完成了，只是把每天行程分散到每周行程裡面，那麼我就不會被逼得這麼緊張，而有閒情逸致去享受每天的活動。這樣做起來也開心，持續性也久；也就讓我在那段時間除了本身工作的專業之外，還培養了很多業餘的興趣和一些創作文章的產出。

而這也讓我再次體會了，「留白」本身是一件多麼有價值的事情。

產能冗餘的思考關鍵

　　不管是製造業、服務業，甚至是個人的工作職涯，保留一定的「產能冗餘」，或者說是「留白」，不僅不會降低整體產出，反而會對價值提升有著莫大的幫助。而歸納起來有兩個非常關鍵的原則和做法是可以直接拿來應用的，分別是：

1. 斷捨離　　2. 鐘型解

1. 斷捨離

　　記得有一次觀看日本的電視，看到《斷捨離》的作者「山下英子」到一個家庭主婦的家裡去協助處理家庭整理問題。

　　這個家庭主婦看到山下英子非常開心，說她自己一直是山下英子的粉絲也是忠實讀者，也有認真奉行「斷捨離」整理術，但似乎就是沒有辦法把家裡整理得很好。

　　後來山下英子很認真的看了他們家之後，語重心長地對著這位家庭主婦說，很多人都把重心放在「整理」這兩個字上，但殊不知當你東西多到一定程度的時候，再怎麼整理也很難達到理想的狀態。

　　就像一個平面空間如果要規畫成停車場，如果你規畫了太多的停車格，但是只保留了很小的空間給車子移動進出，那麼最後當車子越來越多的時候，就算你動線規畫得再好，最後也會因為過度擁擠而造成車陣的大混亂。

　　山下英子便建議這位家庭主婦，要把家裡該丟的東西丟掉，保留多一點的空白空間，就像把停車場的停車格減少一點，留下多一點的進出移動空間一樣，如此一來一旦把「留白」確定，未來的整理也就比較簡單了。換句話說，未來就要限制留白的地方不要再把它塞滿，這樣不僅讓自己在移動物品的時候更有效率，也避免沒有留白的擁擠空間，怎麼整理都還是容易「堵塞」。

　　如果把同樣概念應用到企業或是做生意，簡單來說就是「不要接過多的訂單」。

　　就像有些餐廳之所以能夠維持服務品質，就是每天採取預約的方式只接受固定數量的客人，一旦當天預約滿額了，就不再接客。這樣不僅可以不必讓客人等待，也可以事先安排所有的餐點保持應有的水準，而服務人員也不會手忙腳亂怠慢了貴客，更重要的是因為高品質的服務，可以確保客戶的滿意度，甚至能夠提高產品的售價，獲取更高的利潤。

　　其實類似這樣的例子不勝枚舉，譬如知名的包子店一天只做1,000個包子，還有在巷弄內遠近馳名的涼麵店，每天只提供特定數量的涼麵，才不過下午兩、三點，老闆就已經打烊在門口閒話家常了。

　　所以這一種刻意「留白」，不讓自己「做到滿，做到死」的生意手法，看起來好像讓自己賺得不夠多，但事實上所能夠保證

的品質，和產品水準的一致性，不僅可以讓鐵粉穩定光顧保證獲
利，甚至還可以有多餘的時間維持生活品質，以及思考未來可能
的發展和提升獲利的機會。

2. 鐘型解

透過前面的學習，如果把「產能利用率」當作是 X 軸，而「產
出」的數量和品質當作是 Y 軸，那麼所得到的產能利用率和產
出的關係可能就是一條「鐘型」的曲線。

也就是當產能利用率還很低的時候，慢慢增加這個利用率，
就可以得到比較多的產出；但是當利用率高到一定的程度，產
出可能就會「不增反減」。這就會形成一個類似上升然後反轉
的鐘型曲線。

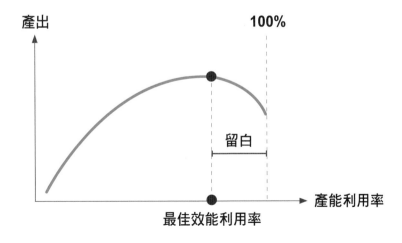

例如半導體公司，產出最佳的產能利用率不是百分之百，而 85%，換句話說，就是讓機器設備保持 15% 的不運轉，反而能夠得到最大的產出獲取最好的價值。

就像我們每個人在公司上班 8 小時，除了午餐時間的一個小時之外，可能和同事聊天喝咖啡，離開辦公桌放空走走思考的時間合計起來也要 1 到 2 小時，所以真正在工作上的「產能利用率」可能只有 60% 到 70%，但是正是因為這 30% 到 40% 的「空白」，才可能讓產出達到最大化；如果把所有工作時間都塞滿了，反而可能因為過度的疲憊和疲勞，而增加做事錯誤率，進一步讓產出效率和效能大打折扣。

所以不管是公司運營生產，或者是個人生活工作，找到自己產能和產出的「鐘型解」，是很有價值的一件事情。

當然，「鐘型解」可以說是產能利用率和產出達到最佳配置的一種狀態，但是不一定是唯一的一種情況，在不同情境下，可能會有不同的產能與產出的最佳配置。就像我們有的時候工作效率非常的高，一旦達到心流狀態的時候，怎麼做都不會累；但有時候就是感覺要多一點休息才有辦法讓產出回到正常狀態。在此想要建議大家，是把「產能冗餘」當成一種有價值的「留白」，必須認真思考把它放在自己產能規畫裡面，至於多或少就透過「鐘型解」定期來進行調整就可以了。

　　總之，不管是「斷捨離」，又或者是「鐘型解」，都告訴我們一個很重要的事實，那就是「做滿不一定最好」，真正的意義可以歸結為兩句話：

　　留白，是讓自己有更大揮灑的空間；休息，是讓自己能夠走出更遠的路。

▶ 本課重點

產能利用率越高，不一定會帶出更高的產品品質和更多的產量輸出，保留一定的「產能冗餘」，反而能得到最有價值的產能輸出。產能冗餘的思考關鍵有二：

1. 斷捨離：拒絕訂單維持服務產出品質
2. 鐘型解：找出產能和產出的最佳配置

課後練習

你目前的工作每天的時間有多長呢?其中「留白」的比例有多高?你覺得多長的工作時間,和多少比例的留白會讓你能更有效率和效能的產出?

第 **5** 課

■ 便宜圈套

生產設備超便宜要不要買？

兩個判斷方式，避免花冤枉錢

便宜划算，
除非能賺錢，要不然再低價的支出都是浪費！

　　有一次我去拜訪投資界老大哥，他除了在投資領域有非常深厚著墨之外，對於創業和經營管理也有非常獨到的見解。

　　聊天當中他提及最近承接了一家烘焙坊，並請來台灣非常有名的一個麵包師傅擔任主廚並製作很有特色的法國麵包。

　　其間我好奇的並不是麵包製作這個行業，而是這位大哥為什麼會想要承接這樣一個烘焙坊。我問他：「麵包的生意好做嗎？現在競爭這麼多，在台北的麵包店家數也不少，大哥為什麼會想要承接這樣子的麵包坊？」

　　他笑著跟我說：「老弟的問題很好，其實我在承接的時候已經把關鍵決策的兩件事情給做完了」、「也就是能不能『賣掉獲利』？或者能不能『生產獲利』？」

　　我就很好奇地等他繼續說下去。

　　「這家烘焙坊是別人介紹給我評估的，當初這家店開業的時候用的都是最好設備，整個總資產高達將近 800 多萬；才不過一年多時間他就因為經營不善、資金周轉不靈而決定要把店面脫

手；我後來就用非常低的價格，將近台幣 100 萬就把整間店的設備給承接下來了。

「但是因為這套設備非常特殊，台灣也不容易找到買家，後來我就在決定交易前，先到日本去詢問，因緣際會的竟然有一個買家願意用 300 萬的價格進行承接，扣掉物流運費由我負擔之後，大概還可以有 100 多萬的獲利。

「而這個日本買主也是一個知名的烘焙公司，剛好有興趣想要在台灣設立據點，所以我就和他商量把這承接過來的烘焙坊改成他日本品牌來試營運。如此一來不僅可以減少他所有設備裝機跟店面設置的時間，也可以藉這個機會測試一下這個日本品牌在台灣被認可接受的程度，更重要的是可以順便看看這個生意如果可以在台灣運作，機器設備就不需要運回日本而省了一大筆的運費、保險費和關稅。

「沒想到經過兩三個月的試運營之後，這個日本品牌在台灣銷售情況竟然出奇的好，也讓這個日本公司決定將機器設備留在台灣，並且繼續深耕他第一家的分店，也同時展開未來在台灣的擴張計畫。」

這位大哥很開心的跟我分享這一次愉快的交易，他不僅僅在二手設備上面賺了 100 多萬，並且在協助日本公司試營運的過程當中，也得到了額外的利潤分成。所以對他而言這個二手機器設備是讓他獲取了「資產利得」，以及實際的「銷售價值」。

避免掉入便宜圈套的兩個評價關鍵

說完這個有趣的交易故事之後，這位大哥特地耳提面命地囑咐我：「千萬不要以後看到這種『貪小便宜』的機會，就立馬下手等著獲取暴利啊！」

這裡面有兩個非常重要的關鍵，是判斷這種「便宜交易」，到底可不可為的重要依據，分別是：

1. 殘值創收　2. 訂單創收

1. 殘值創收

任何固定資產不管是生產設備，又或者是土地廠房，本質上也是一種「商品」；如果這種商品你可以透過「低價買入、高價賣出」的方式而獲取豐厚的利潤，這其實就跟一般做生意一樣，完全符合商業價值交換的本質。

就像前面那位大哥，看到了價值 800 多萬的生產設備，就算可以殺價到 100 萬這種破天荒的低價，他也不會見獵心喜的滿口答應就要把它買下來，而是先探尋了一下如果要把它轉賣，到底市場上面有沒有買家，一旦確定找到買家而且還能夠獲得豐厚的利潤，那麼這筆交易其實就是在「穩賺不賠」的零風險下進行的。

但是如果你覺得這 100 萬很低，卻發現市場上根本沒有買家，甚至已經不是一個實用的生產設備，那麼就算再便宜再低

價，就「商品」的價值而言，沒有辦法幫你創造收益，就不該貪小便宜把它買下來。

要不然你損失的不僅僅是付出去的買價，還包含未來這些設備所占用的空間租金成本、水電費用、維修費用，以及你要花費時間去尋找可能買家的所有機會成本。這些林林總總加起來之後，可能就不是這麼便宜，而是一筆看不見的昂貴支出了。

還有一次和一位私宅料理的老闆聊天，他告訴我他買了一套非常便宜實惠的高級英國餐具，他說那套餐具是一家餐廳老闆倒閉之後轉賣給他的，才用了不到兩年的時間，原來的價值將近要 50 萬，結果他用了一成價格 5 萬，就把整套餐具給買下來了。

雖然原來的老闆一直和他強調這套餐具殘值至少還有 30 萬，所以希望我們這位私宅料理老闆 20 萬把它給買下來，但是這位老闆很阿莎力的告訴我：「殘值是別人的事情，我如果把它買下來，要能幫我賺錢才是真的有價值。而這 5 萬元，就是我覺得能幫我賺錢的價格；而且就算往最差情況想，如果就算都賣不出去，虧了這 5 萬元，也不會讓我心痛，那麼這就是個好價格。」聽完之後我深深的覺得，這就是做生意最應該要有的心態吧！

2. 訂單創收

第二個重點就是要認清資產最根本的目的，就是要幫我們「賺錢」，透過訂單來增加營收。

所謂的「閒置資產」就是放在企業裡面，沒有運轉，不能產

生任何效益，還有可能還要占用公司空間或是其他相關機會成本
的資產。就像前面曾經提醒的，如果買進來的是不能創造任何收
入的閒置資產，那麼再怎麼便宜對公司而言都是一個負擔。

　　記得有一次去台中拜訪一家工具機的廠商，台中是台灣工具
機一個非常重要的聚落，而他的能力和技術在世界上也是非常具
有名氣的。

　　在和這位工具機的老闆交流的過程當中，他告訴我最近有人
推薦給他一個非常棒的交易，要把一台原價上千萬的二手設備很
便宜的賣給他，而且這個設備幾乎是全新的，只用不到半年，且
對方竟然願意用三成的價格成交。他蠢蠢欲動，覺得不買實在是
太可惜了。

　　我問他：「這段時間的生意不是很清淡？你曾說現在的產能
利用率不到 50%，還好這些老的生產設備都已經折舊光了，所以
就算訂單不多還可以有足夠的利潤維繫公司運營。但是在這種情
況之下再多買這個機台，不是對生意沒有太大的幫助嗎？」

　　老闆接著說：「我知道這個機台對目前生意沒有幫助，但是
因為實在太便宜了，如果不買的話未來絕對不會有這樣的價格，
我相信『未來』一定會派得上用場。」

　　事實上我們的對話到這邊就告一段落，沒有繼續下去，雖然
我心中想繼續追問的是：「您這個『未來』會派上用場，到底是
多久之後的未來？」

　　反觀前面說的那位投資界的大哥，他協助那位買設備的日本公司，最重要的關鍵，不只是幫他在台灣成立一個據點，或者是賣給他一個便宜的機台；更重要的是提供他一個快速測試的機會，看看台灣到底有沒有「生意」可做，有沒有持續不斷的「訂單」換來白花花的銀子，這個才是當我們在投資或採購的時候最應該要依循或者重視的關鍵。

看似划算實際並不划算的買賣

　　其實這種看似划算但實際上不划算的貪小便宜買賣，在我們日常生活當中也是屢見不鮮。

　　譬如參加健身房的會員，原本價錢一年要價 6 萬，你算了一下一個月將近 5 千元的費用，覺得太貴便沒有參加；後來健身房突然針對你這種新會員大打折，一下子一年會費打了兩折只要 1 萬 2 千元，你覺得實在「太划算」，一下子就刷了卡入了會。

　　過了一年之後你認真核算了一下，一方面你太忙、一方面你沒有養成運動習慣，再加上健身房離你住家和上班的地方都要花半個多小時的車程實在太遠，所以你一年只去了兩次，平均算下來每一次花費將近 6 千元，單位成本實在貴得嚇人。這就是原先以為划算，但後來人算不如天算的結果。

　　前面這個案例的「會員費」相當於就是你所買的資產，而你

去健身房的次數就相當於是客戶訂單，無論你的會員費再怎麼便宜，但是你根本沒上幾次健身房，就相當於你買了非常划算的資產但是沒有任何訂單一樣，這筆所花的「便宜」費用，就是沒有為你帶來任何值得的效益，那麼就是一筆不應該發生的支出。

透過這一課的學習，我想真正讓大家理解的是不管個人或企業，千萬不要掉入所謂的「便宜圈套」；也就是看到便宜的不得了的物品或資產，就覺得買下去一定「划得來」。

停一下，等一下，想一下。

看看這個「便宜買賣」，符不符合我們今天所學「殘值創收」和「訂單創收」的兩個評價關鍵；如果兩個都不符合的話，就千萬不要客氣，掉頭就走，遠離這個誘惑，相信你會感謝自己所做的決定。

▶ 本課重點

不要因為便宜或者是划得來，而掏出口袋中的現金，衝動地購買任何商品或固定資產，這會讓我們不小心掉入所謂「便宜圈套」，除非能夠滿足下面兩者任何之一的條件。

1. 殘值創收：能當成商品「立即賣出」，並立刻有差價，創造利潤。
2. 訂單創收：能立刻有訂單，直接創造生產產值，淨現金流入。

課後練習

回顧一下你自己過去的買賣或交易，是否有曾經覺得非常「划得來」的商品，等你買回來之後卻發覺這個商品完全沒有為你帶來任何價值呢？

■ 破窗效應

乾淨整齊是有商業價值的？

三個好處，讓你歡喜打掃整理賺大錢

窗明几淨，不只感受舒服還會帶來長久幸福。

「破窗效應」是犯罪學的一個理論，該理論由詹姆士・威爾遜（James Q. Wilson）及喬治・凱林（George L. Kelling）於1982 年 3 月所提出。

所謂「破窗效應」，就是假設有一間空屋都沒有人住，如果其中一扇窗戶不小心被打破了，那麼接下來就會發現這間房子的其他窗戶也會陸陸續續地開始破敗，甚至接著會有人闖入，讓一些脫序作為或者是犯罪情事在裡面發生。

這個理論主要想要表達或者引申意義是，如果放任一些不良的情況或者是不好的行為而不去改正糾錯的話，那麼可能到最後會演變成難以想像的災難，或者沒有辦法收拾的後果。

記得 1998 年的時候，我跟著我妹婿到廣東東莞去拜訪一個外包的廠商，我妹婿是專門做手機零配件的貿易生意，而那次去拜訪的原因是這家工廠的製造品質出了一個大紕漏。

由於自己本身也是主修工業工程，對工廠管理有一定的了解，而當時在任職的台積電又因為工作的關係必須常往工廠裡面跑，所以到了那家外包廠之後，也順便參觀了一下他們內部的工

廠還有庫房、倉儲，想要了解一下不同產業的工作環境和流程管
理是如何進行的。

　　沒想到一進了庫房就有一股濃烈的油漬味，所有層板上堆放
的原物料也雜亂不堪，更沒有任何的明顯名稱標示和進貨出貨的
數量管制；而一堆摺疊好和未摺疊的包裝紙箱，就零零落落散布
在倉庫的旁邊。到了工廠內部也就是車間，一些工作人員的衣服
散發出令人作嘔的酸味，更不要說放在旁邊準備要完成產品的原
物料，是非常沒有秩序的擺放。不過短短的幾分鐘觀察，我就知
道這次的品質出包絕對不是單一的事件。

　　果不其然，在我們回來台灣之後的兩個月，我的妹婿就告訴
我，那家公司因為財務危機而宣布倒閉了，後來一個新的廠商接
手了那家工廠，我的妹婿也決定重新跟他們建立起生意關係。

　　因緣際會的在半年之後我又陪同妹婿重新造訪這家新公司，
在拜訪之前我的妹婿就告訴我，才不過短短半年的時間這家公司
的業績就成長了兩倍之多，而且我妹婿向他下的訂單，從來沒有
任何的退貨或是重大瑕疵的發生。這就更加深了我的好奇心，想
看看到底這家新公司是什麼原因與舊公司有如此大的變化？

　　一到了工廠之後我瞬間秒懂了，因為所有的貨架好像閱兵
大典一樣，每個零配件和原物料都整整齊齊的排在架上；而且所
有的排放次序還根據使用頻率的多寡、不同產品的類別，以及重

量大小的拿取難易程度，做出符合人體工學和最有效率的規畫；
而一到了生產的流水線，映入眼簾的是公司整齊畫一穿著制服
的員工，所有準備要裝配的原物料和零件，都透過特別設計，整
齊的放在工作人員身邊；放眼望去所有工作人員的動作，配合
著精心設計的輔助工具，感覺上就像是在演奏一曲和諧動聽的
交響樂章。

　　難怪他們的生產效率和產出會如此大幅的提升，因為所有的
流程和所有的動線幾乎都完全符合兩個重要的法則：「複雜的事
情簡單化」與「簡單的事情重複做」。

三個關鍵提升，讓公司獲利

　　整理整頓帶來的整齊清潔，不僅是讓整個工作環境和生產空
間變得心曠神怡，更關鍵是能夠帶來三個重要提升，這才是讓企
業能夠勝出的原因：

1. 品質提升　　2. 效能提升　　3. 安全提升

1. 品質提升

　　從上面的案例可以明顯感受到前後兩家公司生產流水線的
差異，「雜亂無章」和「單純有序」是兩者之間最大的不同。

　　我們很清楚的知道人類是「習慣性」的動物，單純有序的環

境不僅比較容易養成習慣，也不容易出錯。相反地，雜亂無章的環境，每一次的動作幾乎都是需要重新思考、重新學習，這樣一來不僅沒有辦法透過持續不斷的練習養成習慣、強化熟悉度，也很容易造成操作上的失誤，並進而影響產品的良率和品質。

這就是為什麼在生產管理裡面常常特別要強調「標準化的流程」，也就是所謂的 SOP（Standard of Procedure），因為標準化的嚴格執行才可以帶來產品或服務品質的保證；雖然標準化看起來只是要求所有流程一致性，但是實際上在整個工作環境上的「整理整頓」才是保持這個一致性不可或缺的管理內涵。其實這個道理很簡單，如果一個產品要裝配的零組件，散落在各處，要麼就是找不到、要麼就有可能裝錯，甚至根本就忘了裝，那麼出錯的機率大增，品質又能夠好到哪裡去呢？

而依照這種邏輯看來，如果整理整頓能夠提升產品服務品質，那麼自然而然客戶滿意度也會增加，那隨之而來訂單和利潤提升不也就是理所當然的事了。

2. 效能提升

整齊、有秩序，讓一切事情都能一目了然並且標準化，當然也就可以提升工作的效率和效能。

井然有序最重要的精神，就是讓所有事情看起來變「簡單」了，一旦所有的事情變得比較簡單，那麼「熟練度」的提升也就

會更加的快速。而從一個新手變成熟手的時間就會縮短，團隊的效能也就會快速的成長。

就像前面案例說的那一家新公司，後來因為訂單不斷地增加，總經理便決定要在工廠內新增一條生產線，讓產出能夠增加一倍。

如果是以前的老工廠要擴張這條生產線，至少要花費將近半年時間，還不一定能夠確保出來的產能能夠增加一倍；畢竟除了生產設備之外，人員操作才是產出的決定因素；而老工廠的新人訓練幾乎是放牛吃草，沒有標準化的培訓，也沒有完整的標準化流程，所以生產工作的品質是非常參差不齊的。

結果沒想到新公司這條生產線，從裝設、啟用到量產，一共只花了一個月的時間，不僅所有的生產運轉非常的順利，就連新進員工也只不過接受了一個禮拜的新人訓練，就能夠幾乎達到和老員工們一樣的產出效能。

這就是因為靠著平常的整理整頓，和習慣性的井然有序，所以到了生產線的擴張，也不過就是「複製」和「貼上」的工作而已。和老工廠這麼一比較，效能提升的優勢就完全展現出來了。

3. 安全提升

最後一個很容易忽略但也是非常重要的就是安全問題了，尤

其在生產管理裡面，工安的議題是永遠必須擺在前面的。

前面那一家老工廠，最常發生的員工意外分別是：

A. 被東西砸傷　B. 工作時操作受傷　C. 在工廠內跌倒受傷

其實聽到這些意外事故我也不覺得驚訝，畢竟工廠內充斥著油漬味、貨架上的東西亂擺亂放，周遭的工具和零配件也是亂七八糟，這樣子的環境如果不會跌倒、不被砸傷，那才會讓人覺得奇怪呢！

所以讓員工保持清潔，讓工作環境整齊有序，並不僅僅是為了品質和效能，其中很重要的目的也是要保護員工。

尤其不僅是在生產工廠裡，有時候會有一些特殊危險的化學藥劑，或者可能致命的工具機械；就算在服務業的後台廚房，也會有鋒利的刀具，甚至是滾燙的沸油沸水，一不小心都可能會危及生命安全，造成無法彌補的遺憾。

而站在公司的立場來說，任何工安事件的發生，不僅會造成生產上的損失，更有可能會危及品牌形象，並且進一步大幅減少公司的獲利能力，這個影響可能是非常重大的。

這讓我想到有一位非常景仰的企業家曾經很認真的告訴我一個管理名言：

「乾淨，是可以賣錢的」

確實，「乾淨，是可以賣錢的」。

　　其實，不管是日本「掃除道」的一代宗師，皇帽公司創辦人鍵山秀三郎；又或者是大陸知名的「愛乾淨住漢庭酒店」，都在在說明乾淨不僅僅是乾淨，更是讓企業能夠幸福並且永續經營的重要因素。再加上前面品質、效能、安全的三個提升，就更能體現「整齊清潔」帶給企業的實質價值。

▶本課重點

整理整頓帶來的整齊清潔，可以帶來三個方面的提升，並進一步帶來客戶滿意度，增加訂單和強化獲利能力：

1. 品質提升　　2. 效能提升　　3. 安全提升

課後練習

你覺得你的工作環境足夠整齊清潔井然有序嗎？如果有改進的地方，你認為可以從什麼地方著手，又可以帶給你什麼樣的好處？

■ 收錢定義

為何做生意常收不到錢？

兩個做法，讓你即時看到現金

銀貨兩訖，重點是「貨」到底清楚還是模糊？

過去在半導體產業工作的時候，因為擔任財務會計主管常常會有機會檢視一些和廠商還有客戶交易的細項。

由於機器設備金額龐大，所以每一次付款就必須要格外的注意，一般來說當機器到貨的時候，可能會支付七、八成甚至九成的貨款；而剩下的尾款就要等「驗收完成」才會支付。

畢竟這個機器設備是要拿來生產用的，儘管收到貨了，但是能不能大量支持商品製造，而且還能夠保證「品質」的穩定，這就是最後驗收階段所要做的事情。

等到驗收完成，才能夠把錢支付給廠商，看起來也就合情合理；因為讓「客戶滿意」，才代表廠商完成應該盡的責任和義務。

也因此我常常看到帳上有很多的廠商尾款一直沒有支付，甚至拖了很長的時間廠商也不來催收；我直覺的想法就是廠商的驗收沒有完成，也就是品質一直沒有過關，以至於沒有辦法達到支付尾款條件。

然而，我卻忽略了一個事實，就是這個機台已經開始運作生產了，也開始進行大量製造了，而且所產出的商品也被客戶所接受，那麼這個機台驗收不過關，又到底是什麼原因呢？

做生意更重要的是能夠收到錢

這件事情一直等我到中國淡馬錫集團工作，任職財務主管兼任運營和資訊主管的時候，才發現其中的原委。而這可以從兩個小故事看出端倪：

第一個是要在中國設立金融機構分行或者是網點，因此辦公室的裝修就是一件很重要的工程，因為不同地點的房型都不太一樣，而且各個地方政府的公安機關和消防標準也都不盡相同，因此裝修公司除了要滿足客戶的要求之外，還要能夠把其他政府的規定給完全搞定，所以我們在付款條件裡面，「驗收」也一件非常關鍵的事情。

但奇怪的是，裝修的廠商在完工之後都沒有很急著來催收尾款。更有趣的是，當我們繼續要裝修其他網點的時候，就算還沒有支付之前的尾款，廠商也願意持續保持合作關係，就算偶爾會和我們提及驗的內容，但也沒有很積極的催收尾款。

直到有一次，我和廠商們討論是否能把裝修的價格再往下調整，他們就面有難色且表情很認真的說：「其實尾款就已經是可以調整的幅度了，如果總價要再往下降，那我就沒有利潤，也接不下這個案子。」

這個時候我才知道，原來他們打從一開始就沒有要把尾款收回來的意思，主要是在他們過去的行業經驗裡，「驗收過關」實

在太難了，因為什麼叫做「過關」從來都沒有一個統一的標準。

第二個故事是要建構公司內部的操作系統。我想大部分的系統開發流程應該都是相似的，一開始一定是收集用戶的需求，然後經過 IT 人員和用戶共同確認之後，便進行程式設計，接著就是一連串的測試、除錯，到最後上線的過程。

讓我記憶最深刻的是一個核心系統的大型設計開發商，照理來說這麼複雜的系統設計，而且需要和用戶們保持非常密切的溝通，理論上不管是任一個產出的交付，都是需要很多時間來確認的，更不要說是最後的驗收階段，所以我一開始認為這種廠商收款的難度應該會比前面的裝修公司更加不容易。

但奇怪的是，我每個月都固定可以看到這個廠商的請款單，而且負責的 IT 主管都還乖乖地在上面簽了名認可這筆款項的支付；一開始我還納悶，但是後來理解了，因為廠商請款的條件是按照「工作時間」來計價的，因此每天他們派駐了多少人？在我們公司工作了多長的時間？只要我們的 IT 人員在系統開發商每天的出勤表上面簽了字，他們每個月就拿這個記錄表來請款，清清楚楚一點都不含糊，所以他們從來沒有延遲收到錢。

做生意「賺得到錢」固然很重要，但是更重要的是你還要能夠「收得到錢」。

兩個方法加速收款時間

「收錢」並不僅僅是一天到晚催款，纏著客戶不放就是好的辦法，透過上面的案例可以知道，快速收到錢實際上是可以被設計出來的，而這個設計的技巧可以歸納為兩個方法：

1. 服務商品化　　2. 操作型定義

1. 服務商品化

什麼叫做「服務商品化」呢？就是我們常常聽到的「銀貨兩訖」，又或者是「一手交錢，一手交貨」，這個「貨」就是商品化的關鍵。

請試著想想看，當我們去菜市場買菜、便利超商買食物，又或者去各種不同的大賣場買日常生活用品，是不是都在買了這些商品之後，就很乾脆地付了錢走人？應該不會有人在這些地方買了商品之後，還跑去跟店家說：「我要的不是這樣子的東西，你可不可以幫我修改一下，如果不能修改的話是不是可以只支付你一半的價錢？」

「你……瘋……了……嗎？」

我想如果有人這樣子要求的話，一定會被店家當成神經病來對待。

　　因為這些「商品」的交易，在本質上就是「願者上鉤」。如果你喜歡，那麼就付了錢把東西帶走；如果你不喜歡，大不了一走了之就好了。這就是商品化的交易最令人欣賞的地方，一個願打一個願挨，清清楚楚乾乾淨淨，在交易完成的當下，貨也交了、錢也付了。

　　想想前面系統開發商的案例，理論上是提供一個客製化的服務，因為這種系統需求是非常複雜的，所以如果廠商要以服務的「客戶滿意度」來當作產品進行銷售和收款的話，可想而知他面對每一個不同客戶都不是一個標準化認定，也就不像是我們去買菜、買食物、買日常生活用品這種「銀貨兩訖」的商品交易。一旦到了請款的時候，肯定廠商和客戶之間就一定會耗費非常多的時間在討論滿意度的事情上面，那麼收款可就是難上加難了。

　　但是如果今天客戶買的是「時間」，是供應商提供的服務「時間」，那麼這個商品就是標準化可以簡單衡量的東西；只要買賣雙方確認了這個時間，付款就變得非常的清晰簡單。

　　換句話說，供應商把複雜的服務轉化成可以簡單衡量，又具有標準化的時間，就是一個「服務商品化」的過程；這樣子一來不僅可以減少買賣雙方的溝通過程，也讓供應商「收錢」的這件事情變得更容易且更有效率。

2. 操作型定義

　　其實「操作型定義」是以前在學習物理的時候所得到的一種概念，也就是當我們提到一些事情的意義或者是想法的時候，不能太過模糊，最好是有清晰的操作方式或指導原則，讓大家都有統一標準的規矩或者依循。

　　譬如「幸福」就是一個模糊的概念，但是如果我告訴你「幸福，就是全家人坐在一起共度晚餐」，那麼你就有一個很好的方向去進行「操作」，並得到我們所「定義」的幸福。

　　這個就是「操作型定義」的好處。很容易操作，大家沒有太多認知上的模糊空間。

　　回到前面裝修的案例，為什麼供應商基本上都不覺得這個「尾款」他們能夠拿得到？因為要讓客戶「驗收過關」這個定義通常都非常的模糊不好操作，所以根據他們的經驗，會習慣把總價給報高一點，然後留個尾款就不打算要了，如果真的要得到尾款那就是賺到了，要不到也是很正常。

　　可是這樣子的報價對客戶而言就不是真實的報價，而且如果不同廠商有不同的驗收認知，那麼在客戶選擇廠商的時候也會很麻煩。

　　既然問題是出在最後驗收的定義不清楚，那麼把驗收修改成明確的「操作型定義」不就好了嗎？

　　所以後來我們統一把尾款驗收標準改成收到「公安和消防單

位的核准函」；因為只要有了這個文件，就可以正式開張運營，這麼一來對於供應商和客戶而言，這個驗收標準既明確又符合實際上的需求。所以後來的供應商不僅很順利地把總價給降了下來，他們也很清楚的知道取得核准函是重要的目標，而且對於收款這件事情也就變得容易且有效率許多了。

所以賺錢固然重要，但是收錢更重要；如果賺得到錢，但是收不到錢，那麼還不如一開始就不要做這個生意。

如果每次做生意的時候認真思考怎麼把「服務商品化」，以及把付款條件設定為有明確「操作型定義」，那麼就可以加速收款時間，減少不必要的溝通成本。

▶ 本課重點

公司或者個人做生意完成交易，除了開心「賺得到錢」之外，更關鍵的是要確認「收得到錢」；如果想要降低收不到錢的風險，並減少催款的溝通成本，可以透過兩個方式來完成：

1. 服務商品化   2. 操作型定義

課後練習

看看你們公司的產品銷售，在交易收錢上是不是有存在和客戶之間模糊認定的地方？如果要依照今天學習的兩個方法做修正，你會建議怎麼做呢？

■賒銷管理

不要讓客戶欠你越來越多

兩個方法，避免寵壞客戶變成欠款大戶

賒銷管理，就是天經地義的欠債必須還錢。

　　有回參加中小企業策略發展相關的研討會，在中場休息時和一位製造業老闆聊天，他知道我曾經從事銀行金融行業相關工作，就很語重心長地跟我說：「生意真的不是很好做，尤其是遇到一些『好客戶』，都不得不放賬，但這樣子應收帳款時間就會拉得很長。而接下來如果客戶繼續下單，我又不能不做，因為如果不做，又怕他之前欠的錢不還；但是繼續接單又不知道什麼時候才能收到錢，實在是進退兩難。」

　　他接著又說：「這導致我手邊現金常常不夠，但是向銀行借錢，銀行又嫌我應收帳款太多、帳期又長，就怕我這些應收帳款會變成壞帳收不回來，所以這些金融機構也不願意借我錢，這種狀況真是搞得我焦頭爛額。」

　　後來我在很多公開場合，不管是演講或是上課也好，就常常把這個案例和大家分享，看看大家覺得應該如何幫這個企業主解決問題。
　　結果沒想到好多的中小企業老闆，竟然都發出同病相憐的怨嘆。可見這種賒銷模式，讓客戶欠款越欠越多的情況還真的是屢見不鮮。

什麼是你要的做生意方式？

我還有一個朋友，在中國是專門做商品加盟連鎖經營，在中國很多省分都有加盟商，主要是在社區或者百貨商場裡面來販售他的商品。

這個朋友的公司除了販賣東西給加盟商賺取商品利潤之外，每年也會收取固定的加盟金，而這個加盟金主要的對價關係，就是讓加盟商可以使用這個品牌名稱，以及每年固定總部會提供加盟商一些行銷的方案和輔銷工具。

重點是這每年固定的加盟金，就是會有人賒欠著，好長的時間不付款；而公司內部的員工還專門有一群人是負責好說歹說的向這些加盟商進行催款。

同樣的，當我向這個好朋友詢問，為什麼要花這麼多的人力和時間向這些加盟商催款？為什麼不乾脆就直接斷了和這些加盟商的合作關係，如此不是比較乾淨利落、一勞永逸嗎？通常得到的答案大概都是：

「再試試看吧，或許很快就會付錢了。」

「維繫生意也很不容易，不能說斷就斷。」

「他已經欠我們很多了，如果這時候斷了關係，所有錢都收不到了。」

我當然知道生意很難做，也知道要維繫和客戶的關係很不容

易，當然更知道「債大欺店」的道理。

　　但最重要的是，這種做生意的方式，完成了交易，還要戰戰兢兢就怕客戶不付錢的模式，真的是我們想要的嗎？

　　其實回到「賒銷」這個模式來看，「應收帳款」在定義上是客戶應該支付但卻還沒有支付的錢；在本質上，這就是客戶的「欠款」，也就是和我們是「債權債務」的關係。既然是債權債務的關係，其實參考銀行或者是金融機構的做法，就會顯得相對清晰和簡單了。

　　反正在每一次借錢之前，都要先衡量一下這個借款人「信用」到底是如何；如果借錢不還，也一定有相對應的催收程序，甚至是扣押資產或者凍結他使用資產的權利等等。所以歸納起來，避免客戶欠錢不還或者是越欠越多，最好就是透過下列兩個方式積極的執行「事前的預防」和「事後的補救」：

　　1. 訂定信用政策（事前的預防）
　　2. 明確催收方案（事後的補救）

避免壞賬倒帳的兩種管理方式

1. 訂定信用政策（事前的預防）

　　既然應收帳款是一種借款，那麼像金融機構一樣訂定明確的

「信用政策」就非常的重要，簡單來說就是信用好的才借錢給你，信用不好的當然就不借，甚至不再有任何的交易往來。

因為像那種欠錢不還的人，相信你也不會再借他錢，同樣的如果應收帳款不及時付款，也就等同於欠錢不還，本來就不應該和他繼續做生意。俗話說「有借有還再借不難」。做生意的道理也是一樣。

至於制訂信用政策，也沒有特別複雜，簡單的來說不外就是建立三種規矩：

A. 欠款次數　　B. 欠款金額　　C. 欠款時間

A. 欠款次數

譬如一個新的客戶，很多公司是不允許有任何欠款的，也就是一定要用現金支付，不允許賒銷也就不會有應收帳款。像我妹妹是做國際貿易的，如果有新的外國客戶向他們採購的時候，通常交易條件都是 T/T（Telegraphic Transfer）電匯，也就是現金付款的意思。畢竟彼此從來沒有做過生意，誰知道信用狀況是否正常，所以一手交錢一手交貨才是最保險的方式，而這種情況之下，對於新客戶允許的欠款次數就是零。

另外常見允許欠款次數就是「一次」。簡來說，就是「前帳未清，交易不續」。

其實說起來欠一次也是蠻合理的邏輯，因為當你客戶要再次下單的時候，就代表他前一次的商品應該已經賣得差不多了，自

然就應該會有錢可以支付上一筆訂單的應收帳款。如果他要繼續下單，但是卻沒有支付上一次的欠款，要麼就是他財務碰到了問題，要麼就是他故意不付錢。但是不管哪一種理由，這種客人都不值得我們繼續和他交往下去，所以說「前帳未清，交易不續」是一個非常值得參考的規矩。

B. 欠款金額

　　第二個就是應收帳款的金額了，因為不管是一次、兩次或者多少次的應收帳款，如果累積起來太大，壞帳的風險就會太高，而客戶發生財務危機的可能性也會很高。

　　小金額的應收帳款還可以接受，但如果是大金額的應收帳款，或者是一個客戶累積過多的應收帳款，那麼一旦倒帳的情況發生，對公司就有可能形成巨大的災難或損失。

　　像我有一個專門做音響設備工程的好朋友，每年的營收將近差不多 5,000 萬，但是其中的 80%，也就是將近 4,000 萬的業務都集中在一個客戶的交易上面，他這個客戶每次積欠的款項都要將近半年以上才會支付，所以平均留在朋友帳上的應收帳款都將近有 2,000 萬；後來有一天突然這個大客戶宣布倒閉，害得我這個朋友差一點也要跟著關門，還好他家底夠厚、現金夠多，才挺過了這一個關卡。而他現在也學乖了，再也不敢讓同一個客戶積欠這麼大金額的應收帳款。

　　通常應收帳款欠款金額的大小並沒有絕對的標準，但是建

議你可以從兩個維度來思考，其中一個是這個「客戶占你整體
生意的比例到底有多大」？如果像上面這個例子，單一客戶占你
生意的比例很大的話，你反而要很謹慎不能把應收帳款的金額
設得太高。

另外一個就是你「本身生意的規模大小」，如果規模很大，
當然可以放大一點應收帳款的金額；但如果是小本經營，能承受
的風險本來就有限，當然是盡量減少應收帳款，甚至只限定現金
收付才是最安全的。

C. 欠款時間

第三個要考慮的當然就是欠款時間了，其實最簡單的原則當
然是「越短越好」。

或許有人會說應收帳款的期間很多都是行業慣例，最好是跟
著行業經驗規則走。但事實上應收帳款的期間從來都沒有一定的
原則，都是買賣雙方「談判」和「選擇」的結果。

譬如你想要和台積電這個大客戶做生意，就算他的應收帳款
期間很長，你也必須接受這樣子的條件，這就是雙方「談判」的
結果。但是一旦和台積電做上生意之後，就可以讓你被其他比較
小的客戶認可，而這時候你就可以用比較短的應收帳款甚至是現
金支付來和他們做生意，如此一來你可以讓長期間的應收帳款占
你生意的一小部分，而短期間的應收帳款或現金交易占你生意的
大部分，以此來降低你的經營風險，這就是「選擇」的結果。

2. 明確催收方案（事後的補救）

就像銀行一樣，就算有再嚴謹的信用政策，也是會有借款人不還錢的時候，這就必須要有積極作為來面對這種欠錢不還的狀況。有三個步驟分享給大家作為參考：

A. 事前通知　　B. 中斷服務　　C. 存證信函

A. 事前通知

不管是任何的款項需要繳交，都會有一個繳交期限，而一般人對這個繳交期限是很有可能會忘記的；所以不管是在期限前的一個禮拜、三天，甚至是前一天，不斷地溫馨提醒讓欠款人即時去繳款，這樣子的貼心作法是非常必要的。畢竟連我們自己都可能會忘了繳交各種不同的費用，再加上現在各種不同的短訊、郵件通知如此的方便，所以能夠設定自動事前通知的方式，對於催收款項是個既節省成本又非常貼心的作法。

B. 中斷服務

如果已經有了事前不斷地通知，但還是過了繳款期限，首先應該做的就是停止繼續提供給客戶原有的服務。就像訂閱線上讀書、線上音樂，又或者是報章雜誌，如果到了繳款期限沒有繳費的話，這些服務一定立刻就停止的；更不要說沒有繳交水費、電費或者是電話費，那麼被停水停電或停話，也是理所當然。

而且這個立即中斷服務有非常重要的管理意涵，就像前面舉的加盟商案例，當加盟商不繳交年費的時候，如果你只是催收但

卻不停止服務，那麼對那些準時繳款的加盟商情何以堪？

此外，就算是催款也是要耗費人力的，與其耗費人力給這些沒有信用的加盟商進行催款，倒不如立刻停止對他們的服務，把這些省下來的人力放到業務拓展上面還比較划算。

C. 存證信函

針對這些延遲或不付款的客戶，並不是不催款就算了，最簡單的方式就是寄出存證信函，留下明確的紀錄。也許有人會說這樣子的做法似乎太不近人情，所以我會建議所有的規矩都要在一開始做生意的時候就說清楚、講明白，包含如果應收帳款逾期未繳的時候，會「中斷服務」，並發出「存證信函」。如此會簡化很多溝通成本，也會避免公司人力花在不效率的地方。如果客戶擔心存證信函有不良的影響，自然就會趕快繳款；但如果他根本置之不理，你也不需要和他死纏爛打浪費生命，畢竟繼續往前做生意才是最重要的硬道理。

總之，利用賒銷的方式做生意，要避免壞賬倒帳的損失風險；制定「信用政策」做好事前的預防規範，明確「催款方案」做好事後的補救措施，就可以賺得到錢，也收得到錢。

▶本課重點

賒銷所造成的應收帳款，必須透過兩種方式善加管理，才能避免壞賬倒帳的損失風險：

1. 訂定信用政策（事前的預防）　2. 明確催收方案（事後的補救）

課後練習

看看自己的公司是否有制定對客戶信用政策，並判斷一下是否合理？如果沒有的話，你認為應該怎麼樣制定目前公司對客戶的信用政策？

■ 應收水位
企業應收帳款可以多大？

三個方向，規避賺了錢還倒閉的風險

收錢能力，比賺錢的能力更加重要！

　　每次和中小企業老闆聊天，大家都會交換彼此經營管理方式、對市場看法，還有生活上各種不同的甘苦談，做生意最重要的目的當然還是要賺錢，所以賺不賺錢這個話題，或者是如何才能夠賺錢，獲取比較好的利潤，永遠是談資過程當中最重要的話題。雖然討論賺不賺錢和怎麼賺錢非常重要，不賺錢固然會讓人擔心受怕，但是最讓人遺憾或是扼腕的卻是明明賺了錢，最後還要把事業終止面臨倒閉的命運。這就是我們常聽到的「黑字倒閉」。

　　黑字，是會計上的專有名詞，代表公司有賺錢有獲利，所以黑字倒閉就代表公司有利潤但是卻關門大吉。

　　探究原因，其實就是公司明明賺到了錢，但是有很多賺到的錢都沒有收到，也就是這些收入都還是「應收帳款」，都還沒有變成現金回到公司來。

　　在這個情況之下就是公司的成本費用持續不斷發生，現金一直往外流，但是客戶欠的錢卻一直沒有進來，以致於到最後現金「入不敷出」，公司才會支撐不下去而宣告倒閉。

　　或許有人會說，如果不用賒銷方式去做生意，就沒有辦法讓營收成長，甚至把客戶留下；所以「應收帳款」是「必要途徑」，

是做生意必須要有工具， 如果把這個工具拿掉了，會加大做生意的難度。

在此必須要特別澄清的是，應收帳款確實是一個做生意必須要有的工具，我們也認可其存在的價值，但重要的是不能讓應收帳款「失控」；也就是說，要讓應收帳款的錢能夠「回得來」、「回得即時」，才可以避免明明有賺錢，但是卻沒有錢支付甚至是倒閉的窘境。更不要說有些應收帳款根本收不回來，那這種生意不做還比較實在。

就像前面課堂曾經提到的，雖然說應收帳款是一個做生意的好工具，也是行業常用慣例，但如何使用還是取決於買賣雙方「談判」和「選擇」的結果；如果想要避免賺了錢卻有倒閉的風險，那麼最重要的就是要控制「應收帳款水位」，也就是應收帳款的多寡，在這邊提供三個方向讓大家能夠當作參考的基準：

1.現金水位　2.收錢速度　3.花錢速度

避免賺了錢還倒閉的三個參考基準

1. 現金水位

公司現金多：應收帳款水位高

公司現金少：應收帳款水位低

　　當公司現金多的時候，當然就可以提高應收帳款的水位。要盡快把應收帳款變現的原因，除了是怕客戶倒帳變成壞帳之外，最重要的關鍵是我們需要現金的周轉，需要現金支付日常營運的所有成本費用。所以如果現金存量夠高，就不急於要盡快把應收帳款轉成現金，也就能夠讓應收帳款的水位比一般公司來得高。

　　就像台積電在 2019 年第一季應收帳款是 1,000 億，到了第四季的時候增加變成 1,400 億；雖然看起來增加了 40% 的應收帳款，但是帳面上平均都保持著 5,000 億左右的現金，換句話說，台積電有足夠大的現金水位來支撐其應收帳款的成長，所以相對地是比較沒有風險的。

　　因此，越是現金滿手的公司，越有能力去用賒銷方式進行生意的拓展，因為增加應收帳款的水位並不會為其帶來實際營運上的風險。

　　反之，如果是一個初創型的公司，一開始手邊就沒有太多的現金，這個時候又要應付日常所有的費用跟開支，如果還要利用賒銷的方式，讓自己「收不到錢」，那麼就很有可能一不小心落入現金不夠，甚至活不下去的倒閉風險裡。

　　我都常常與中小企業主分享，應收帳款真的是一種「選擇」，在你現金不夠的時候，就不會是一個比較好的「選擇」；

這時可以選擇願意跟你用現金交易的客戶，或者是盡快可以付錢給你的客戶，甚至是願意預付現金給你的客戶，讓你手邊的現金能夠先慢慢安全的累積。

直到你的現金成長得越來越大的時候，就可以「選擇」放大應收帳款，選擇賒銷多一點但是信用良好的客戶。

2. 收錢速度

收錢速度快：應收帳款水位高
收錢速度慢：應收帳款水位低

第二個會影響應收帳款水位該保持比較高還是低的關鍵，就是收錢速度的快或慢。

其實這個觀念很簡單，如果你的客戶雖然不是現金交易，但是很快就把錢結清，在帳上雖然是掛著應收帳款，但是應收帳款停留的時間很短，一下子就會轉成現金，雖然看起來應收帳款的水位很高，但事實上等同於就是現金。

相反地，如果應收帳款的帳期非常地長，就代表這段時間完全沒有現金流入，也就不能支應你的日常開支，但是你必須要有現金才能夠活得下去，所以這種收款很長的交易只能占你所有交易的一小部分，也就是你的應收帳款水位不能太高。在這裡舉A、B 兩家公司的例子來看：

　　假設 A 和 B 兩家公司手邊現金都是 100 萬，每個月花費都是 50 萬，每個月的銷貨收入也都是 100 萬；唯一的差別就是假設 A 和 B 公司要賒銷的話，他們客戶給的帳期，A 公司是一個月收回，而 B 公司需要六個月。

　　在這個情況可以看到 A 公司就算把每個月的銷售 100 萬都掛在帳上當應收帳款，反正一個月現金就收回來了，而且手邊現金的 100 萬也可以支應第一個月的 50 萬支出，所以應收帳款水位維持在 100 萬，完全沒有問題。

　　反觀 B 公司，如果也把每個月的銷貨收入全部用賒銷的方式進行交易，那麼會有六個月的時間收不到任何現金，這個時候他手邊的 100 萬只能支應兩個月的支出，過了兩個月之後就捉襟見肘了。在這個情況之下勢必就要降低應收帳款的水位，而要把部分的交易用現金的方式來進行，才能夠滿足日常費用的支出。

　　這也就看得出來為什麼收款收得越快，才有能力提高應收帳款的水位。

A、B 兩家公司的應收帳款帳期比較

	A 公司	B 公司
手邊現金	100萬	100萬
每月花費	50萬	50萬
每月銷售	100萬	100萬
應收帳款期間	1 個月	6 個月
管理意涵	應收帳款水位沒問題	必須縮短收款期間

3. 花錢速度

花錢速度慢：應收帳款水位高
花錢速度快：應收帳款水位低

最後一個會影響應收帳款水位高低的關鍵因素，就是花錢速度的快慢。

如果你花錢速度慢，就代表對現金需求的急迫性沒有很高，那麼在這種情況之下應收帳款水位高一點，現金回收稍微慢一點，對營運影響也就不會這麼大。

但如果你的花錢速度很快，就相對代表對現金的需求非常殷切，如果應收帳款的水位太高，回收速度太慢，就跟不上現金流出去的速度，那麼就必須好好控管並降低應收帳款的數額。同樣舉 A、B 兩家公司的例子來看：

假設 A 公司和 B 公司手邊現金都是 100 萬，每月銷售也都是 100 萬，而如果要賒銷的話，應收帳款期間都是 2 個月；唯一的差別就是 A 公司每月花費是 50 萬，而 B 公司是 80 萬；也就是 A 公司的花費比 B 公司來得少，每月現金流出速度 B 公司比 A 公司來得快。

這種情況之下可以看到 A 公司就算把每月的銷貨收入全部用賒銷的方式變成應收帳款，手邊的 100 萬現金，可以支應兩個月的花費完全沒有問題，而且兩個月之後就會有現金進來，也就不會有任何現金短缺的情況發生。換句話說它可以維持應收帳款水位在 100 萬。

　　但是 B 公司在同樣的情況下，每個月要花費 80 萬，所以手邊的現金 100 萬沒有辦法支撐兩個月的費用，所以勢必無法把所有的銷貨收入都用賒銷的方式進行，換句話說，B 的應收帳款水位一定要少於 100 萬。

　　因此，降低公司的花費，或者是說花錢的速度，才有能力提高公司應收帳款水位的能力。

A、B 兩家公司的應收帳款數額比較		
	A 公司	B 公司
手邊現金	100萬	100萬
每月花費	50萬	80萬
每月銷售	100萬	100萬
應收帳款期間	2 個月	2 個月
管理意涵	應收帳款水位沒問題	必須降低花費

　　所以節約成本、減少支出，除了是增加公司的利潤之外，另外一個好處就是增加公司做生意的競爭力。如果錢花得比較少、速度比較慢，就有能力給客戶多一點賒銷的機會，只要他們信用好，我們生意也就可以做得更大。

　　現在很多小型公司連辦公室都沒有，如此一來不僅可以減少辦公室的租金，水費、電費和電話費的固定支出，甚至連員工

交通費都可以省下來，整體看來就是降低公司花費的速度。透過這個堂課的學習，可以知道這是強化做生意競爭力的另外一個機會。

因此，如果把賒銷的應收帳款當成是一種做生意工具，就要善用這個工具，既可以幫我們賺錢，又不會有現金短缺或者是倒閉的風險。在這個情況之下，就要認真考量「現金水位」、「收錢速度」、「花錢速度」，來調整並平衡應收帳款的數量，同時能夠兼顧獲利成長和資金安全的保障。

▶本課重點

公司利用賒銷的應收帳款當成是給客戶的一種優惠，並作為做生意的一種工具，是商業行為中很普遍的一種做法，但是必須認真思考三個方向，才可以避免公司因為現金入不敷出而造成經營或倒閉的風險：1. 現金水位　　2. 收錢速度　　3. 花錢速度

課後練習

看看自己公司現金銷售和應收帳款銷售的比率分別是多少？
再看看自己公司的現金水位、收錢速度和花錢速度，你認為
公司應收帳款水位是否在安全的範圍，需不需要調整？如果
需要調整的話應該從哪裡著手呢？

■ 現金折扣
你到底有多想把錢收回來？

兩個關鍵，向自己借錢不求人

現金折扣，就是用「利息」「利潤」換取現金。

通常看到「折扣」這兩個字，都會聯想到百貨公司週年慶、商店特賣會、節假日特別促銷等等。簡單來說，折扣的本質，就是透過「減價」做為「誘因」，然後讓我們去接受某種「交易」的一種工具。

打個比方，我非常想要買一雙慢跑鞋，但是價格實在太貴了，一直下不了手，直到有一天年終慶終於來臨，原 5,000 元 一雙的跑鞋下殺到了 2,500 元 ，這時候我忍不住出手了，用非常實惠的價格買到了夢寐以求的跑鞋。

在這個例子當中，5,000 元到 2,500 元，就是一種「減價」，而這個減價形成了讓我購買的「誘因」，到最後我就付錢完成了這筆「交易」。

所以可以得到一個結論，折扣就是減價，而且減價所產生的誘因要足夠大或足夠吸引人，那麼最後這個交易才會成立，一開始想要透過折扣所要達成的目的才會實現。所以折扣有三個主要的關鍵要素，分別是：

1. 減價　 2. 誘因　 3. 交易

現金折扣的三個關鍵要素

「現金折扣」又是什麼意思呢？簡單來說，就是給客戶折扣，讓他提早把應收帳款付清。

1. 減價：把賒銷的應收帳款數額減少，譬如原來是 100 元的應收帳款，變成 98 元。

2. 誘因：減價的數額就是對客戶的誘因，就像上面從 100 元降為 98 元，這節省的 2 元就是主要的誘因。

3. 交易：讓客戶「提前支付」，也就是把應收帳款從未來的現金變成現在收到的現金，就是這個交易的目的。

我常常開玩笑跟朋友說，如果你急需要現金，而且帳上又有很多應收帳款，千萬不要急著向銀行借錢，或者是向股東要求投資；最好的方式是先「向自己借錢」，也就是用現金折扣，花一點代價給你的客戶提供誘因，讓他們願意提早把應收帳款變成現金放到你的口袋。

回到現金折扣的根本目的，是要完成把應收帳款提前變成現金的「交易」；但是如果本身並不缺現金，或者是本來的交易模式就已經是現金支付或者是預收的方式，那麼當然也就不需要利用現金折扣這個工具。

但如果本身的交易模式就是「賒銷」居多，而你又希望調整

一下應收帳款的水位,就像上一堂課所說的,讓手中現金的比例高一點,讓現金能夠早一點回到自己的口袋,那麼現金折扣就不失為一個非常好的工具,可以達到這種調節的目的。

然而並不是所有的交易透過「折扣」都一定會成功,首先是折扣就必須要減價,並不是所有的商品都有空間可以減價的,如果減價會損失品牌價值,或者是減價完畢之後根本就沒有額外的利潤,那麼減價這個方式就沒有辦法成立,折扣的行為也就不會發生。

另外就算是減價了,也不一定會對客戶產生足夠大的誘因,要不然我們去百貨公司或商場逛街的時候,看到這麼多的大減價、大折扣,理論上這些商品早就該被銷售一空了,就是因為沒有辦法對所有人都產生足夠大的誘因,所以就算打了折扣、降了價,也沒有辦法讓交易產生。

說到這裡大家就知道,如果真的「好想要現金趕快回來」,那麼利用「現金折扣」這個工具能夠完成這個提前拿回現金的交易,還是要從折扣的另外兩個元素來下手,分別就是「減價」和「誘因」:**1. 減價:獲利結構   2. 誘因:隱含利率**

1. 減價:獲利結構
就像前面說的,想要減價也是要有能力的,因為如果獲利空間已經非常小了,一旦減價就會侵蝕微薄利潤,這樣一來,等於

雖然收回了現金，但缺犧牲了獲利，這種挖東牆補西牆的做法就必須慎重考慮。

很多電子的裝配業或組裝業，由於競爭殺價得非常厲害，所以常被說是「毛三到四」的產業，這個取「茅山道士」諧音的意思，就是毛利常常低到只有 3% 到 4%。要注意的是，這還不是淨利呢！

如果類似這樣子的獲利結構要給客戶現金折扣，就算是 2% 的減價，也幾乎是把毛利給吃光了，因此像這麼樣微利的產業，要進行現金折扣就幾乎是沒有空間。

反觀一些毛利非常高的產業，如台積電，他們所有產品平均的毛利率都在 40% 到 50% 以上，在這種情況就算要降價個 2% 到 5% 對他們而言都不會對獲利造成太大的影響，所以他們就很有「能力」降價，也更有機會利用這種現金折扣的工具。

像我們自己的創投公司曾經投資過的化妝保養品公司，他們有接代工的生意，也有做網路針對終端消費者的生意。由於代工的價格比較低，利潤比較薄，所以沒有太多折扣的空間；但是針對網路 B2C 的生意，就不時的會透過各種不同的折扣來吸引客人完成交易，因為翻開成本結構，毛利率可以高達 70% 到 80%，而淨利也高達 30% 以上，所以是很有「能力」來進行各種不同的折扣和降價。

　　說到這裡大家就明白，減價也就是一種犧牲獲利的行為，所以如果產品的獲利結構不佳，那麼當要採用現金折扣這個工具的時候，只不過是收了現金、失了獲利的「飲鴆止渴」行為。

　　因此提升附加價值、提高價格、持續優化成本和自己的獲利結構，才能讓自己想要使用現金折扣這個工具的時候，真的具備這個能力去運用它。

2. 誘因：隱含利率

　　第二個要讓現金折扣能夠成立的要素，就是這個誘因對客戶是有效果的。

　　當然囉，如果客戶本身也缺錢，他自己的財務狀況也不好，那麼就算給最大的誘因他也付不出錢來，所以類似這樣子的客人，就不是我們所要討論的對象。可是話說回來，如果是這樣子的客人，前面曾經說過，他就有可能變成是壞帳或倒帳對象，到最後可能一毛錢都收不回來。

　　所以要附帶提醒，和你的客人做生意，對於他的財務狀況也必須要進行了解，不然看起來賺錢很開心，但最後一毛錢都收不到，血本無歸，就真的太不值了。

　　對客戶而言，這個現金折扣的減價，實際上是一種「利息費用」的節省。

　　在前面課堂也說過，應收帳款實際上就是客戶所欠的債務，因為一手交錢、一手交貨，本來就是天經地義交易的流程；但

是讓客戶晚一點付款，就是讓他欠錢，所以實際上當他還錢的時候，整個款項裡面也隱含著他應該償付的利息費用。

　　所以如果他立刻把現金給我們，並給他現金折扣的話，那麼這個「折扣」就相當於把原來應該付給的利息費用給扣掉。

　　因此站在這個觀點，如果能告訴客人這個「隱含利率」是個多麼大的好處，只要早一點支付現金，就不用負擔這麼「高額」的利息費用，那麼客人才更有「意願」，而這個折扣才更有「誘因」，讓客戶早一點支付現金。

　　譬如，有一個客人欠你 100 元的貨款，原來這個應收帳款約定的到期期限是一個月 30 天之後，而你給他一個現金折扣的條件是（2/10，n/30）；這是什麼意思呢？這是一個在商業交易上面常會看到一個現金折扣的表現方式。

　　意思是如果客戶在 10 天之內提前付款，就可以享受 2% 共 2 元的降價折扣，但如果超過 10 天以後一直到到期日付款，就沒有這樣子的折扣了。

　　如果用上面隱含利率的算法來看，就代表 10 天之內付款都是 98 元，如果沒有在 10 天之內付款，那麼接下來的 20 天，客人就要支付 2 元的利息，如此一來這個隱含利率到底是多高呢？如果用一年 365 天來看，就可以列一個算式來計算年利率到底是多高：

隱含利率的計算

客戶欠100元，30天到期

折扣：（2/10，n/30）
＊10天之內提前付款，就可以享受2%共2元的降價折扣。
＊超過10天之後就沒有折扣。

假設『年』利率是r
$$98 \times (20/365) \times r = 2$$
$$r = 37.2\%$$

看到了嗎？才不過是銷售金額2%的現金折扣，只要提前20天支付，隱含利率竟然高37.2%。對比一下現在1%到2%的借款利率，就可以知道這是一個多麼高的資金成本。

所以提供現金折扣給客戶的時候，如果能夠再順道說明這樣的隱含利率對他能夠產生多麼大的好處，相當於幫他節省多大的利息費用，那麼對客戶而言就比較容易產生足夠的誘因，進而把現金提前支付。

總之，「現金為王」是大家都知道的道理，如果要讓客戶把應收帳款提前支付，早一點收到現金，那麼「現金折扣」就是一個非常好的工具；但在使用這個工具的時候，必須注意我們是否

有足夠的獲利空間能夠承受這樣的一個折扣的代價，以及要讓客戶知道這樣的折扣對他能產生多大的好處，才讓他有誘因能夠提前把現金償還。

▶本課重點

＊所有「折扣」的本質，是透過「減價」這個「誘因」來達成「交易」的目的；所以關鍵要素有三：減價、誘因、交易。

＊現金折扣，是希望透過折扣來達成讓客戶提前支付現金的這個「交易」，所以要思考兩個關鍵要素讓這個交易得以實現：

1. 減價：獲利結構足以承受減價
2. 誘因：隱含利率給予客戶誘因

課後練習

前面學習了現金折扣的條件（2/10，n/30）所隱含的利率是 37.2%，如果把條件改變一下，（1/10，n/40），隱含的利率又是多少呢？

■ 預收幻覺

收了這麼多錢怎麼沒賺錢？

兩個作法，讓客戶心安你賺錢也心安

預收的錢，是對客戶未來的承諾。

「為什麼我從客戶賺了這麼多的錢，我的財務主管卻叫我不可以動用？」

「為什麼我從客戶賺了這麼多的錢，我的財務主管卻說這不是我賺的？」

我的一個專門做會員服務的好朋友，有一次約我喝咖啡聊天，一見面就和我抱怨他的財務主管每次都限制東限制西的，最讓人感冒的，就是明明收了一大堆會員給的現金，但是財務主管說這還不是賺的收入，更讓他煩心的是，財務主管還建議他暫時不可以花這個錢。

而他約我喝咖啡，就是希望我能和他的財務主管「溝通溝通」，或者是乾脆建議怎麼樣「處理」一下他的財務主管。

我聽完之後笑著問他：「你的這些會員所繳的現金都是『預收』的吧？」

「是啊，我們的會員費用有三種，分別是每季繳一次，每半年繳一次，還有每年繳一次的。」這位老闆很認真的跟我解釋他們會員的收費方式。

我接著就告訴他：「你真的是找到了一個非常好的財務主管，他不僅幫你守護了你公司，也幫你守護了你客戶。」

　　朋友很訝異我會幫他的財務主管說話，但是他還是很認真聽著我向他解釋。

預收貨款的財務思維

　　舉個例子：如果有一個雜誌發行商，每個月出一本雜誌，每本雜誌定價是 100 元；客戶 A 只買了一本雜誌付了 100 元，而客戶 B 訂了一年的雜誌，雜誌商給他折扣每本 90 元，所以他付了 1080 元（90×12），但是 B 和 A 一樣，只拿走了第一個月的雜誌，那麼這個時候收到了多少現金，又應該承認多少收入呢？

案例

	購買方式	現金收入	認列收入
A 客戶	單本	100 元	100 元
B 客戶	訂閱一年（售價九折）	1080 元	90 元
總 計		1180 元	190 元

　　我想針對收到多少現金，大家一定都很清楚，答案就是 1,180 元。 但是收入呢？當收到這兩筆錢的時候，應該認列多少的收入？答案是 190 元。

　　在這個時間點，雖然 A 和 B 都把錢給付了，但事實上，才賣了兩本雜誌，一本是 A 用原價買的 100 元，另一本是 B 用折扣價買的 90 元。所以，真正的收入只不過 190 元而已。

那 B 多付的 990 元（1080-90 元）又代表著什麼意義呢？

這個代表著 B 的「預付款項」，也就是還「欠著 B 有 11 本雜誌」，而在未來的 11 個月裡，要陸陸續續地把雜誌「還」給 B。等到每一個月都交付一本雜誌給 B，這個時候才能夠再一次認列那 90 元的收入。

說到這裡，大家應該就清楚了，這個「預付款項」，其實是欠客戶 B 的「負債」。既然是負債，那未來是要還的，拿什麼來還呢？就是他所訂閱的雜誌。因此他所預先付的錢，理論上就商家而言，只能用在生產和製造雜誌這個商品上面，不可以隨便挪做他用。這就是整個「預收貨款」的財務思維邏輯。

因此「預收貨款」，是對客戶未來的「承諾」，我們要保護這個承諾，不僅僅是基於公司和品牌的價值，更重要的是，要保護未來的「收入」和「利潤」能夠確實被實現。在此提供兩個非常重要而實用的保護方法給大家參考：

1. 專門帳戶：弱限制   2. 信託帳戶：強限制

保護預收貨款的兩種方法

1. 專門帳戶：弱限制

第一種方式就是幫這些預收的款項，另外開立一個銀行帳戶，可以稱為「專門帳戶」，這裡面的錢是不能動用的，直到每

個月確實把該給會員的商品或服務傳遞了之後，也就代表真正完成了相對應的收入，這個時候才能夠把已經實現的收入貨款給動用。

也許有人會說：「那我直接把會計帳分成兩筆不就好了嗎？何必要這麼麻煩特別開立一個帳戶？」

這個是有原因的。

根據有名的「帕金森定律」：資源越多，花得越兇。

想想看我們平常剛打開一條新的牙膏，是不是一擠就一大坨，但是等到快要用完的時候，就算擠出一小丁點兒，也可以刷上一整口牙。

又回想一下，如果老闆交辦一個工作，要你一個禮拜完成，你會發現你整個禮拜都在忙那份工作，一直到最後一天你才會交卷。但是如果老闆同樣一份工作只給你一天的時間，你一樣可以在一天時間之內，就把它給搞定。

另外更明顯的情況是發生在皮夾裡面。

如果我的皮夾裡面只剩 200 元現金，而我又忘記帶了信用卡和悠遊卡，那麼那一天我就會非常縮衣節食的只花這 200 元。

但是如果我皮夾內突然多出了 2,000 元大鈔的話，很可能當天一不小心就呼朋引伴，喝個小酒吃個大餐就把這 2,000 元給花完了。

　　所以有錢就大手大腳，沒錢就省著點花，這基本上是人的天性。當你有資源的時候，就比較容易會有「浪費」的情況，反而是資源不足的時候，才會非常謹慎的看待每一分的花費。

　　這也就是為什麼會建議把預收貨款成立一個「專門帳戶」的原因。

　　因為就算你在會計帳上把它給分開，但是當你看到自己銀行帳戶裡面有「這麼多錢」的時候，你就會產生一個「資源很多」的幻覺，以為這些都是可以運用的現金，但卻忘了這些錢還不是你的，是要等未來實現了給客戶相關的產品和服務之後，才可以動用的。

　　所以最好的方式，是乾脆成立一個專門的銀行帳戶，讓你平常在看著自己的營運帳戶的時候，根本看不到這些錢的存在；也就是在「眼不見為淨」的情況之下，自然而然的保全了這些現金不會被隨便挪用。

2. 信託帳戶：強限制

　　第一個方式是自己成立專門帳戶，算是自己限制自己，我把它稱之為弱限制。而第二種方式就是和金融機構專門成立一個「信託帳戶」，這個信託帳戶等於是讓銀行來幫客戶看著這筆預收貨款。

　　除非陸陸續續地把商品跟服務提供給客戶了，要不然這些客戶預先付的錢，是「不被允許」動用的。這就是一種強限制了。

　　當然這個在本質上和第一個專門帳戶是一樣的意思，只是在操作上面，銀行就跟一個守門員一樣，如果你沒有履行承諾給客戶，那麼銀行就不會允許你動用裡面的錢。

　　其實現在很多的線上交易，也都有類似的「保護機制」。譬如在網上的購物平台買了商品，當你進行了線上支付之後，事實上這筆錢並沒有直接到供應商的帳戶裡，很多時候，這些購物平台為了保護消費者，都會等消費者收到了商品，並且對品質進行了確認之後，才會請消費者在網上按下同意付款鍵，購物平台才會把原來消費者在線上支付的款項，轉入到供應商的帳戶裡面去。那麼在這段消費者等待收貨、確認收貨的時間裡面，他在線上支付的錢在哪裡呢？答案就是：「信託帳戶」裡。

　　有時候，這種信託帳戶也會強化你在客戶心中的安全感，讓他們在把錢預付給你的時候比較不怕你「跑路」，相較之下，就會讓你成交機會大為提高。

　　記得好多年前曾經有一個知名健身房連鎖店，就是因為預收了一堆會員的會費，結果後來創辦人經營其他投資虧了一大筆錢，連帶影響了健身事業，不僅宣告倒閉，還讓這些會員繳了會費卻沒有辦法得到預期提供的服務。

　　也因此後來很多的消費者，對於這種「預繳制」的會員服務都戰戰兢兢，就是怕繳了錢之後，商家沒有辦法好好保護這個預

收的貨款，以至於讓消費者的權益沒辦法得到保障。

後來我好幾個創業家朋友，經營類似這種會員服務的，都主動地成立了「信託帳戶」，並在招募會員的時候，特別強調這種信託帳戶對於預收貨款的保障，也就是讓這些會員們一定能夠得到他們所要的服務，就算萬一商家真的因為經營不善而終止營業了，消費者仍然能夠透過這種保護機制，拿回他們預付的款項。在這種情況之下，很多消費者在得知自己的承諾能夠獲得完善的保障，就會有更高的意願加入這種會員服務。

所以看起來這種信託帳戶，對於商家而言是一種預收貨款的強限制，但在實務上反而是有機會讓商家更容易取得客戶的信任，並達成交易的目的。

總之，不管是行之多年的「會員式服務」也好，又或者是現在網路目前當道的「訂閱式經濟」也罷，預收貨款對於企業商家而言都是一種非常好的交易模式。畢竟，我們一直說賺得到錢很重要，但是收得到錢更重要；更何況能夠預先收到錢，對於商家而言真的是太美好的一件事了。

這些預收的貨款是對客戶未來的承諾，必須保護這些承諾被實現，不僅是保護企業的價值，更是要保護未來的收入和利潤確實被落實。

　　不管是「專案帳戶」，又或者是「信託帳戶」，最重要的是，要在未來真的變成「收入帳戶」。

▶本課重點

預收貨款，不是已經實現的收入，而是我們對消費者未來的「承諾」。可以透過兩種方式，來保護預收貨款這個承諾，並且確保我們能夠實現未來的「收入」和「利潤」。

1. 專門帳戶：弱限制
2. 信託帳戶：強限制

課後練習

檢視一下你的消費習慣中有沒有預繳的會員服務或者是訂閱服務？而這些提供服務的商家們，有沒有告訴你是怎麼樣保護你的預付現金？如果他告訴你他有信託帳戶的話，會讓你比較願意向他購買服務嗎？

■曇花一現

怎麼賺得的又吐了出來？

兩個關注，讓生意不會變成海市蜃樓

賺得收入，必須看到客戶滿意的把現金送上。

　　碰到很多新創業的企業家，常常很怕找一些知名會計師幫他們查帳，但是為了向銀行借款或者是一些創投等投資人的要求，他們就不得不找一些知名的會計師事務所進行帳務整理和查帳的工作。

　　其中讓他們不了解的，就是為什麼要對應收帳款進行所謂的「帳齡分析」？

　　所謂「帳齡分析」，照字面上的意思，就是看看「應收帳款」的「年齡」有多大了？如果你的應收帳款才剛剛發生，代表客戶才剛跟你完成交易，那麼就代表這個應收帳款的年齡很「年輕」，也可能還很健康。

　　但是如果你的應收帳款是很久以前發生，就代表年齡是非常「老邁」，那麼在這種情況之下，應收帳款的健康可能就會發生問題，甚至會被宣告「死亡」。而這個被宣告死亡的應收帳款，就會被會計師記錄為「壞帳費用」，意思也就是原來這筆收入被抵銷不存在了。

　　而這個壞帳費用，也是最讓企業家們感到沮喪而且不解的地

方：「我的客戶還是有可能把錢付給我的啊！」

　　問題是，為什麼你的客戶都已經過了付款期限這麼久，但是還沒有付款呢？

　　還有一種情況也類似壞帳費用，感覺也像是煮熟的鴨子，竟然也飛了！那就是「銷貨退回」。

　　記得有一次碰到一個賣洗浴用品的老闆，很久沒有看見他，感覺神情憔悴了不少，我就問他發生了什麼事。他說最近跟他合作的一個大型通路商把他所有進貨全部都退回來了，還要求他把現金退回，一下子讓他的公司陷入了困境。 於是我請他說明事情的原委。

　　他說和這個大賣場是半年前開始合作的，前面兩三個月在幾個小通路試運行了一下情況還算不錯；後來在三個月前就在這個賣場的所有通路開始進行舖貨，由於賣場是把商品「買斷」，所以雙方之間銀貨兩訖，他也覺得非常的安心。

　　沒想到一個多禮拜前，這個大賣場突然通知他，要把他所有的貨都退回來，因為銷售情況不佳，這時候他拿著合約去和大賣場理論，才發現合約裡面有一個條款，就是在三個月內大賣場有理由「無條件退貨」。這時候朋友才發現他的粗心，讓自己啞巴吃黃蓮，有苦說不出，就這樣原來三個月前感覺人生走向了高峰，卻一下子在三個月後讓人生跌落谷底。

　　這兩個案例是標準在做生意時，銷貨收入的「曇花一現」；不管是「壞帳認列」也好，又或者是「銷貨退回」也好，都是在交易之後變成了空歡喜一場。所以一定要跟控制品質一樣，盡量避免這種情況發生，不要容忍到嘴的肥肉給跑了。

　　所以要非常謹慎做好兩個關注，才能避免這種賺了錢卻空歡喜的情況：
　　1. 關注外部客戶：財務、運營、詐欺
　　2. 關注內部運營：品質、合約、舞弊

避免賺了錢卻空歡喜的兩個關注項目

1. 關注外部客戶：財務、運營、詐欺

　　通常壞帳的發生，不管是帳款拖欠太久，或是人去樓空找不到人，基本上問題都發生在客戶的身上，所以關注外部客戶，就是在做生意的時候必須要特別謹慎的事情，主要可以集中在三個部分：

　　A. 財務： 第一個要關注的就是客戶的財務狀況，如果不清楚客戶的財務狀況，或是新客戶的話，就盡量不要用賒銷的方式和他做生意，在前面的課堂曾經說過，這個時候用「現金交易」是比較安全的。

　　而如果客戶本身是上市或公開發行公司，你就可以在網路上隨時找到財務報表，看看現金流量到底足不足夠，有沒有能力支付你的訂單。

　　如果不是上市或公開發行公司，你就必須透過和其合作的供應商、銀行甚至是客戶，去定期了解交易往來狀況，還有現金支付是否即時。

　　總之，如果你覺得其財務狀況不佳，或者是完全不清楚財務狀況的話，甚至完全不清楚與之交易的供應商和客戶，那麼這樣的生意要麼就用現金直接交易，要麼就不做生意，千萬不要勉強自己用賒銷的方式，因為最後變成壞帳的風險相對比較高。

　　B. 運營：第二個關注就是客戶的營運。

　　其實和第一個財務非常的相似，如果客戶的財務狀況你掌握不到，但是透過和其供應商還有客戶之間的往來關係，你知道他的生意越做越大而且非常平順，甚至信用非常良好，那就代表這個客戶營運沒有問題。

　　在這種情況之下，你就比較可以放心用賒銷的方式和其進行生意的往來。

　　C. 詐欺：最後一種詐欺，就是比較特殊的情況。

　　還記得有一次專門做國際貿易的大哥告訴我，根據他做國際貿易這麼多年的經驗，他已經習慣都用現金電匯 T/T 的方式進行

交易，也就是所有的客人都必須先付款他才會出貨，而且就算是合作再久的客人也是一樣。

大不了他只會給老一點的客戶一些價格上的折扣，又或者是贈送一些周邊商品，反正他的規矩就是一手交錢、一手交貨。

我就很好奇地問他，為什麼跟他合作這麼久的客戶，他也不願意用賒銷的方式給這些老客戶一點方便。

後來他告訴我了一個發生在他身上的故事。

他說在 10 多年前剛開始做生意的時候，有一個歐洲的客人很快的就給他第一筆訂單，然後接下來的幾個月都持續給他零零星星的小訂單。而且從一開始的現金交易，到後來陸陸續續幾次的賒銷，這位客人都能準時把帳款付清。

直到合作的半年之後，有一次這個客人突然下了一筆大訂單，幾乎比前面幾次訂單加起來的總和還多，而這個客人告訴大哥說這是因為他把其他供應商的訂單都轉過來給他了，所以大哥開心之餘，在不疑有他的情況之下就「賒銷」給他。

沒想到這位客戶，從此就不再出現了。

這就是明顯的「詐欺」。

所以大哥特別告誡我，做生意「知根知底」最重要，如果不清楚對方的底細，就算他跟你做了多少次正當的生意，也不代表他最後不會一次把你騙回來。

所以說，害人之心不可有，防人之心不可無。

2. 關注內部運營：品質、合約、舞弊

　　第二個關注最主要就是跟銷貨退回有關了，既然貨已經退回來了，就代表這個交易又回到了原點；所以，我會把這部分的所有原因都歸咎在內部，也就是企業本身要檢討，而主要的關鍵也有三個部分：

　　A. 品質：如果客戶退回的主要原因是因為品質不良，而這個品質不良的情況又非常明確的話，這其實是最簡單的一種情況，講白了就完全是內部生產和管理的問題。

　　這個其實也是「品質管理」必須要解決的問題，通常最重要是要找到這個問題發生的「根本原因」，通常也叫 Root Cause，然後要透過各種不同的流程設計和改善手法，防止這個問題再度發生，或者是降低這個問題發生機率。

　　像台積電，每天、每月、每年都會持續不斷地針對不同已經發生的問題和可能發生的問題，提出各種改善的措施和預防的方法；每年甚至都還會舉辦大型的品質改善發表會和比賽，叫做 TQE（Total Quality Excellence)。而我就曾經代表我們部門參加而一舉奪冠，可以說是一次非常美好且值得回憶的經驗。

　　像台積電這種不遺餘力在品質的「事後改善」跟「事前防範」，就可以大幅降低銷貨退回的機率。

　　B. 合約：合約就像是前面舉的案例，「無條件退回」是一

個非常可怕的條款，如果和客戶簽訂了這種條款，本質上其實就是交易還沒有完成，是有點類似「寄銷」的形式，或者說是預收貨款的形式。這個情況下，你必須確定你的客戶已經都把貨賣掉了，或者是已經過了退回的期限，你才可以真正承認這個交易是完成了。要不然你預收了這筆款項，應該要像我們前一課曾經說過的，好好把它放在專用帳戶裡面才是比較保險的。

　　另外會發生的情況，是在合約裡面言明「有條件退回」，這個時候就必須一條一條看仔細，到底這個「有條件」是什麼樣的條件，才不至於造成輕忽，變成當客戶賣不出貨的時候，就把這個「庫存」的負擔轉到我們頭上。

　　合約的審定是一項重要的工作，上面的這些條件都是屬於「商業條款」，並不一定需要法務人員，或是非常具有經驗的採購人員，只要拿到合約能夠認真的細讀，就算是小公司沒有專門法律背景，也可以規避類似的風險。

C. 舞弊：較常發生的舞弊，就是銷售人員和客戶勾結。

　　常見的情況就是業務人員為了領取業績獎金，或者是高額的年終績效獎金，就和客戶互相串通，先完成了交易之後，讓業務人員領取了獎金，然後客戶再用各種不同理由把貨給退回來。

　　當然，如果客戶願意這樣做的話，一定是業務人員有承諾給客戶一定的好處。不論是把他的業績獎金回饋一部分給客戶也好，又或者是未來可以給客戶更多的折扣等等。

　　但是，不管是什麼樣的舞弊，都一定有跡可尋，例如可以從合約找到蛛絲馬跡，像是交易憑證，又或者是交易金流，甚至是透過獎金的設計來規避業務人員舞弊的行為，這個在後面課堂也會提到。

　　其實只要用心規畫管理流程，這些舞弊以及所造成銷貨退回，是都有機會避免的。

　　沒有任何一個公司喜歡看到「壞帳費用」和「銷貨退回」，因為這代表的是過去銷售成績的否定。只要肯多花點時間關注客戶經營狀況以及企業本身管理流程，就可以避免這種銷貨收入成為曇花一現的風險。

▶本課重點

企業經營生意最怕「壞帳費用」和「銷貨退回」讓銷貨收入變成曇花一現，可以透過兩種關注，降低或避免這種情況的發生。

1. 關注外部客戶：財務、運營、詐欺
2. 關注內部運營：品質、合約、舞弊

課後練習

看看自己公司的壞帳還有銷貨退回，發生原因到底有哪些？
透過今天的學習，你認為可以想出什麼樣的方法來降低或者
避免再度發生？

- 便宜最貴

這麼多人怎麼還做不好工作？

三個步驟，讓你找人花錢實惠效益加倍

花錢找人，找的不是「人力」而是「能力」！

大家都聽過「一個和尚挑水喝，兩個和尚抬水喝，三個和尚沒水喝」的寓言故事，有時候講完了，聽一聽笑一笑，不以為意也就沒管這麼多，但事實上不管是在企業管理也好，或者是財務思維也好，這都是一個非常有價值的故事。而且這樣的案例不時發生在我們周遭，更重要的是造成這種困境的常常都是公司老闆或是主管。

最近一個總經理朋友託我幫他介紹財務主管，說他實在是被公司財務人員搞得一個頭兩個大，我請他說明需要什麼樣的財務主管，還有他碰到什麼樣的問題。

他說，公司成立 10 多年了，一直以來就只有一個財會人員和一個出納，但是在 1 年多前，他覺得這個財會人員「能力不夠」，所以又多找了兩個財會人員來和他一起共事，沒想到人增加了，人事成本也上升了，但是每個月要求他們做的財務分析，還有公司到底怎麼樣能夠節約成本和多賺錢的方案，他們三個卻完全做不出來。最後他拋下了一句經典名言：「沒想到人增加了還是沒有辦法把事情做好」。（像不像「三個和尚沒水喝」？）

更經典的還在後頭，我問他這三個人薪資大概是多少？他回

答這三個人平均都是每個月 5 萬左右。

我又問他找到這個財務主管之後打算怎麼做？他說想要把這三個人資遣掉；然後我再追著問，那針對這個新的財務主管，希望給他多少的薪資呢？他回答，大概也差不多是 5 到 6 萬之間吧。

後來我就開玩笑地問他，假設你資遣了原來三個人省了 15 萬，但是你只願意花 5 到 6 萬薪資找新的財務主管，你覺得新來的這個人他能力會比前面那三個人來得更好嗎？

這位總經理聽完我的話之後，愣了半天說不出話來，然後若有所思地點點頭告訴我，他大概知道該怎麼做了。

回到前面三個和尚的故事，我相信針對這三個和尚除了挑水的「責任分擔」問題之外，一定也和這家公司三個會計人員一樣，常常會抱怨「僧多粥少」，公司就這麼一點人事費用預算，一旦分給三個人，每個人的薪水就只能這麼多。

但是「粥」就已經這麼少，誰規定「僧」一定要那麼多的呢？

「沒想到人增加了，還是沒有辦法把事情做好」這是一個最大迷思，真正要把事情做好靠的是人的「能力」，而不僅僅是一堆的「人力」。

要不然「一夫當關，萬夫莫敵」這句話裡面，你到底希望找的是那個「一夫」？還是一堆的「萬夫」？

　　接下來分享三個步驟，在人力規畫的時候，就算不花大錢，不用太多人，也可以把事情做好，這三個步驟分別是：

1. 認真思考工作職掌
2. 認真分析工作效益
3. 決定匹配薪資水平

三個步驟讓人力資源效益加倍

1. 認真思考工作職掌

　　說實話，很多公司在找人的時候，所羅列出來工作職掌大都是按表抄課，四平八穩寫完就算是交差了事了。

　　事實上這個工作職掌就像是相親的徵婚啟事一樣，就算列得很清楚，都不一定找得到適合伴侶了，何況是沒有認真思考工作職掌情況下，當然就更不容易找到合適的人選。

　　先不要講找公司員工，就算是找幫傭也是一樣。記得我們家第一次找幫傭的時候，因為主要工作是要帶小朋友、還有做家事，所以在工作要求裡面最主要的就只寫了這兩項，沒想到後來擔任的幫傭除了做家事和帶小孩之外，其他的工作就都不太想碰；就連做家事這件事情，她的認知也不包含煮飯和買菜，所以這個學習經驗對我們非常有價值。

　　還有一次因為家中的老人家受傷，請她在家裡幫忙照顧一下，她也堅決的拒絕這個要求，因為她說沒有受過這樣的訓練。後來我認真想了一下，我覺得她的拒絕是合理的，因為在一開始我們就沒有說明對這份工作要求是要具備這方面能力，所以自然而然來應徵的人也就不會具備這種能力。

　　所以，認真分析工作職掌，就是認真分析你到底是要找什麼樣的人，而他應該具備什麼樣的「能力」。當你覺得你找來的人能力不足的時候，其實要捫心自問，我們到底在一開始有沒有把這樣的「能力」列入工作職掌當中？

2. 認真分析工作效益

　　思考完工作職掌，確定我們要找的人應該具備什麼樣能力，接下來一個工作關鍵，就是你希望這樣的人能夠帶來什麼樣的工作結果，產生什麼樣工作效益？

　　就像同樣是一個在財務會計部門擔任 5 年的財會人員，如果他是在一個老字號的傳統行業裡面，那麼在他這 5 年的經驗裡面，可能除了日常帳款的收付、每個月的結賬、財務報表差異分析，再加上每年預算編制，就已經算是非常富有經驗了。

　　但如果是一個剛剛好在網路起飛的產業擔任財務會計的人員，他就很有可能在短短 5 年之內，除了和傳統行業財會人員一樣經歷結賬、分析、預算的工作，他更有可能陪著老闆一起募資，

和銀行人員商量借款計畫，和老闆一起準備營運計畫書，然後不斷地路演（Road Show）去邀請各種不同的投資人進行投資，甚至還可能在短短的時間之內要協助公司進行上櫃和上市的計畫。

所以如果你的「工作職掌」是想要找一個「5 年工作經驗，熟悉財務工作和會計相關流程的財會人員」，你找到的可能就是前面的第一個人；但如果你骨子裡是希望在未來的兩三年之內就要把公司進行上市計畫的話，理論上你要找的應該就是第二種人。

要不然最常見的情況就是，你先找了第一種人，結果發現能力不夠，就立刻又想去找第二種人。這就是沒有認真思考工作職掌的情況之下，你也就沒有辦法找到真正符合你想要達到工作效益的員工。

一般若要找採購人員，絕對不是要找一個懂採購流程或看得懂採購文件的員工而已，其實很有可能我們期盼找的是一個超級厲害的「談判高手」。所以在前面工作職掌分析的時候，你就會把議價和商業談判的工作放在裡面。

而這種你所期待的效益，不僅僅是流程的改善和文件簽核效率的提升，而是你衷心期盼這個採購人員能夠真金白銀的一年幫你省下多少的「採購成本」，又或者是能夠讓應付帳款推遲多長的時間，省下跟銀行周轉借款的利息費用。

　　當你開始認真分析所期待「工作效益」的時候，你可能會再回頭去修改你的工作職掌，讓你所要找的這個人「能力」，能夠更接近你想要達到的工作效益；這樣一個反覆思考「工作效益」和「工作職掌」的過程是非常健康而且非常必要的，也更能真正釐清我們想要找的到底是什麼樣的人才。

3. 決定匹配薪資水平

　　當我們了解想要找什麼樣能力的人，並且清楚希望他帶給我們的效益之後，就比較容易定出一個和這種人才匹配的薪資水平。

　　回到前面那三個財會人員的例子，先不要講你期待新的財務主管能帶來什麼樣的效益，如果你把現在三個人的總薪資 15 萬，減少到 10 萬，而把這 10 萬當作是薪資水平來找一個財會人員，我相信你所要找的人，他的能力一定更有機會大於原來三個人的總和；因為當你把薪資列出來之後，有很大的機率是同樣價值的人會被你的薪資條件所吸引過來。

　　又回到前面採購人員的案例，假如真的讓你找到了一個談判高手，根據他過去的經驗曾經有好幾次幫公司每年節省 500 萬到 1,000 萬採購成本，甚至他知道如何幫你設計採購條件，讓你的付款期間可以拉得更長。

　　這個時候，如果你按照一般的「工作經驗」時間，又或者是

「年資」，在市場上的「報價」，只願意給個 3、4 萬月薪的話，請問這種薪資水平和這個人的能力，還有你期待的效益能夠互相匹配？你覺得這個人才會願意留下來嗎？所以，薪資從來都只有「匹配」，而沒有「標準」。

俗話說得好，「能者多勞」，也就是說一個能幹的人，能夠分擔比一般人更多的勞務，不管是勞心還是勞力。

從來沒有人規定不同的工作，一定都要分給不同的人，所以公司在找人的時候，也不用特意要把不同的工作分開來，特別去找不同的人。

其實公司越多人，溝通的複雜度也就會越高，溝通的成本也會越高，甚至有時候責任不明確、分工不清的情況，反而會降低工作效率，其實這個就是三個和尚故事的縮影。

所以認真釐清求才的工作職掌，確認需要具備什麼樣的能力，更重要的是你希望透過這樣的能力為你達到什麼樣的效益。當你確定價值效益的時候，你就比較不會糾結於市場行情的薪資定價，就會給出具有吸引力的匹配薪資。雖然有才能的人他的薪資可能比市場行情高，但是比起你找了一堆便宜的人卻不能完成工作，說不定他花的錢還遠低於這些薪資的總和。

有的時候，越便宜的東西越貴。

▶本課重點

公司招募的重點是要找完成工作的「能力」，而不是「人力」，千萬不要以為人多好辦事；真正有才幹的人，一個人就抵得上千軍萬馬。有三個步驟讓我們人力資源花得實惠、效益加倍：

1. 認真思考工作職掌　2. 認真分析工作效益　3. 決定匹配薪資水平

課後練習

利用你自己工作，或是公司內任何一個職位，試著用本堂課的三個步驟，去重新思考一下工作職掌、預期效益，以及可能的薪資水準，並看看目前這個職位人數和薪資預算以及工作績效是否互相匹配？

■ 加薪迷思

老闆，我是不是應該加薪了？

兩個方法，讓加薪加得兩廂情願

加薪，本來就應該是你情我願的「買賣」！

　　每次一到年底和一些老闆們碰面時，大家最常聊到的事情就是，又到了跟員工們討論加薪的時候。老闆聊到員工們想要加薪的理由，千奇百怪，有的時候真的讓人哭笑不得。像是：

　　「老闆，我老婆最近又懷孕了，第二個小孩轉眼就出生了，經濟壓力也會變得比較大，你看薪水是不是能夠調整一下？」

　　我說，剛懷孕怎麼就快要出生了呢？你經濟壓力比較大跟我幫你加薪有什麼關係，你當初如果小心一點不就壓力不會這麼大了？

　　「老闆，你看我來公司也這麼多年了，沒有功勞有苦勞，是不是薪資也該調整一下了？」

　　我說，你覺得我願意你待在公司這麼久嗎？你待得久跟加薪到底有什麼關係？我看不到你的功勞和苦勞，我真摯希望的只是你讓我不要這麼疲勞。

　　「老闆，你看物價都漲了這麼多，連買個雞蛋都比以前貴，你看看薪資是不是也能夠調整一下？」

　　我說，物價上漲跟你加薪有什麼關係？你如果覺得雞蛋貴，就少吃點雞蛋不就好了嗎？為何要我幫你承受吃雞蛋的壓力？

　　大家聚在一起只要一分享這種例子，都是又好氣又好笑。加薪，對於很多人來說，好像就跟吃飯、睡覺，上廁所一樣，只要時間到了，老闆或公司就應該把薪水往上調。

　　但是，大家不要忘記了，薪水，本質上對老闆而言就是成本、是費用，而他之所以「願意」花這個錢，是因為他覺得花這個錢能夠幫他去「賺錢」，能夠為他帶來「效益」。而這個效益呢？肯定要大過他所支付的成本費用，也就是付給你的薪資，這樣才會有「利潤」，也才會「划得來」嘛！

　　所以，薪資，本身就是一個「買賣」。
　　而加薪呢？就是要求調整價格的另一樁買賣。

　　既然是一樁買賣，就要賣的人開出的價格，讓買的人覺得實惠，覺得划得來，覺得有效益，覺得他賺到了，這樣一來，這個買賣才比較容易成交。

　　所以不管是老闆也好，員工也好，只要了解了這個道理，在加薪的時候，就不會糾結有太多的情感因素，而比較容易從「買賣」這角度來討論這個問題。

　　或許有人覺得這樣子的方法太不近人情，太過於理想化了，但事實上我自己在職場上透過多年的經驗就很深刻的落實過這種方法的執行，今天就分享兩個做法，讓老闆和員工在針對加薪討論過程中，既能夠理性對待，又能夠真正朝對公司、員工和老闆

三方都有利的方向去執行，這兩個做法分別是：
1. 效益評估　　2. 市場反饋

讓加薪更有建設性的兩個方法

1. 效益評估

　　前面說過，所有老闆找員工都是為了創造效益的，沒有人花錢找人會希望讓自己的公司虧錢，所以就員工的角度而言，不管你是幫老闆賺錢，又或者是幫老闆省錢，只要你賺錢或省錢的效益大於你的薪資，那麼你對於老闆而言就是有價值的。

　　這種工作創造價值效益的思維模式，是非常重要的。

　　其實在學生時代，大家早就已經習慣這樣的一種思維模式，因為分數和排名本身就是一種價值和效益。要不然補習班老師，就不會把學生的分數和排名看得這麼重，還沒事就當成是最關鍵的招生宣傳亮點。

　　奇怪的是，我們很多人一旦踏入社會之後，反而對於自己工作效益的體現失去了陳述的能力。

　　常常只會說自己做了哪些「事情」。但卻沒有說自己完成哪些「成就」。

　　事實上這個情況，從每個人撰寫履歷表的時候就可以看得非常清楚。

　　很多人在寫履歷表的時候，都是像「流水帳」一般寫了自己做過哪些事情，但是針對他參與過的這些事情、他扮演了什麼角色、做過什麼貢獻，甚至自我評估創造了多少效益，卻完全隻字不提。

　　這個感覺就好像你說你「學過英文」，但是卻不說你的托福成績，或者是多益、雅思的成績，那麼我怎麼知道你的「能力水平」到底到哪裡？而你又怎麼能幫我創造我所期待的效益？

　　所以跟分數和排名一樣，「數字」在效益評估過程當中，扮演著非常重要的角色。

　　如同你在履歷表上，寫曾做過業務代表 3 年、業務主管 2 年，這對面試者而言，只知道你曾經有過 5 年銷售經驗，但是至於你的成績好壞，卻完全不清楚。

　　或許有人會說，他至少幹過 2 年業務主管，應該能力不會太差吧。

　　那我再舉例，那些大企業總經理，有好多都是空降而來，但有些做了幾年之後把公司搞得七葷八素、烏煙瘴氣地離開，你會因為他只要做過總經理，就給他很好的評價嗎？

　　所以重點不是做過什麼職位而已，而是在那個職位上做出了什麼成績。

　　如果你看到另外一位業務人員的履歷表，他也是做了業務代表 3 年、業務主管 2 年，而在做業務代表 3 年之間，他是他們所有 20 位業務代表銷售冠軍，每年業績都超過 1,000 萬，第二名的業績都已經降到 500 萬以下，所以他是公司裡最年輕被升到業務主管的。而他在擔任業務主管的這 2 年，又協助公司整體的業績翻了兩倍，並且利潤也提升了 80%，也就是因為這個關係，獵人頭公司才把他推薦到我們公司。

　　請問經過這樣子「數字化」的陳述，你是不是對這個人的能力和價值，還有他可能為你所創造的效益比較有明確的概念？

　　我們說業務又叫做前線人員，通常在表現這個效益的時候是以業績為主，很容易評估出來他們實際為公司創造了多少成績。

　　但其實後台人員或是後勤人員也是可以的，就像前一堂課曾經說過的採購，如果他可以透過談判過程和付款設計，為公司節省成本費用，那麼這本身就是一個非常可觀的效益。

　　說到這裡，再重申一次，薪資它本身就是一樁買賣，而談論加薪的時候，就是把這樁買賣重新「議價」的過程。這個時候員工和老闆討論的最好方式，就是要讓老闆知道你能夠為公司創造多少效益，也就是為他帶來多少好處，讓他覺得多付給你一點薪資是值得的。

　　在這種情況之下，議題就會比較關注在效益假設，和效益是否能夠達成；如此一來既可以避免雙方彼此之間情緒起伏，也可

以針對公司共同利益來進行討論，如此一來才會把「加薪」帶到一個比較健康的循環。

所以，「數字」的訓練，加上「財務思維」是效益評估裡面非常重要的一環。

2. 市場反饋

說到這裡可能還是會有很多人有同樣的疑問：還是不知道該怎麼樣評估工作效益？很難量化「數字」價值？不太會寫履歷表，但可以鉅細靡遺的說做過哪些事嗎？

在這裡我提供一個我自己落實過多年的方式給大家參考，那就是直接把自己丟到市場上面去，看看自己在市場上的價值到底是有多高。

什麼意思呢？

就是持續不斷地「更新履歷表」，持續不斷地去「面試」。

很多人看到這可能開始頭皮發麻了，但事實上，我從第一份工作開始，每年都會持續不斷更新履歷表，看看工作成績到底如何，並且也把自己的履歷表放到人力銀行網站平台上面，看看到底會不會有人要我。

而且我不只自己這樣做，從我開始有了自己的團隊、自己的

下屬，就算我轉換不同的部門、不同的公司、不同的產業，我也都會把這樣的觀念告訴他們。

甚至我還會協助我的團隊一起修改履歷，協助他們把履歷的敘述盡量具體化、數字化，能夠很鮮明的展現他們的成績和效益。

有人可能看到這裡就猜出我的用心，因為所有的企業在商業當中都是處於一種競爭的態勢，所以才會時時關注自己的價值，如果能夠也讓員工處在這種競爭的環境之中，他們自然而然也比較會在乎自己的價值。而且多年來我發現這樣的做法，也和公司內部想要達成的目標有兩個一致的好處：

A. 績效考核：第一個就是績效考核，反正在年底的時候，公司都要進行內部績效考核，我前面也說了，用數字展現自己效益是非常重要的，所以當我和下屬們一起修改履歷表，並幫助他們用數字呈現自己效益的時候，其實他們就可以把同樣的方式，運用在公司年底績效考核的評估上面。

不管是「留下來」的績效考核，或者是「要出走」的履歷撰寫，他們都得做，這樣一來主管和員工就是站在合作的立場，積極的回顧過去成績、討論未來發展，可以說是一舉兩得。

B. 加薪升遷：當員工把履歷表丟出去準備面試的時候，通常就會有兩種不同的結果：

　　第一種就是沒人回應，或者是面試結果不如預期，不管是別人不錄用，又或者是給的薪資比現在公司還來得差；這種情況之下，其實對員工而言，他也不太敢要求什麼加薪了，因為能夠待在現在這個位置，領現在這個薪水，已經是不錯的。因為外面的世界他已經嘗試過，才知道原公司已經是他很棒的歸屬。

　　這種情況之下，員工也比較容易惜福，作為主管的你就更可以跟他認真的討論未來怎麼提升他的價值發展。

　　第二種情況當然就是員工發現外面可以給他的薪資福利大過於現在的位置，在這個情況之下，對於主管而言也要採取比較開放的心態來進行判斷。

　　首先是如果外面給的條件實在是太好了，而公司沒有辦法提供的話，所謂「女大不中留，留來留去留成仇」；除非員工自己留下來的意願很高，要不然鼓勵他展翅高飛也是一個不錯的選擇。

　　但如果外面給的條件公司也承擔得起，而且你認為這個員工可以創造很好的效益，那麼外面公司給的條件就可以當成一個加薪的標準，讓員工可以有一個值得匹配的薪資水平。

　　總之，不論是「效益評估」，還是「市場反饋」，只要主管和員工之間能夠針對提升公司價值當成是共同目標，那麼加薪這樁買賣，就永遠會是一樁好買賣。

▶本課重點

加薪本質就是一樁買賣，是員工和主管之間重新議價，主要的重點應該是要放在這樁買賣對於雙方是否都有好處、都划得來。最好是有「數字」的根據，來說明加薪的「值得」。

兩個方法讓加薪的討論更具有建設性：1. 效益評估　　2. 市場反饋

課後練習

不管你是員工要向主管要求加薪，或者你是總經理要向董事會要求加薪，透過這一堂學習，你會怎麼樣評估自己過去和未來效益，並訂出你加薪目標？

_____

_____

_____

_____

_____

■ 績效陷阱

績效獎金真的有績效嗎？

兩個關鍵，讓績效獎金實至名歸

> **績效獎金，就是績效被落實了，才發的獎金。**

　　若你剛好身為公司老闆或高階主管，有沒有碰過這樣情況？就是業績都已經達到，而且績效獎金也都發出去了，可是到最後結算的時候，卻發現業績怎麼沒有預期的這麼好？一了解之下才發現有各種不同的原因，把原來達到的銷售收入給「吃」掉了，就像前面曾經提到的壞帳費用，或者是銷貨退回。問題是績效金都已經發出去了，總不能再叫業務人員給吐回來吧？

　　碰到這種情況應該如何處理、如何修正績效獎金制度呢？

　　其實針對這個問題，本質還是要回到績效獎金的定義上。

　　既然績效獎金主要激勵的目的是「績效」的達成，所以一定要確認這個績效真正已經被實現了，這個獎金才可以相「對應」的發放。

　　而前面舉的例子，老闆之所以會抱怨「為什麼銷售目標沒有達成，但是績效獎金卻已經發出去了」，主要關鍵原因就是沒有對「績效」被落實的情況做充分了解，以至於在「看起來」業績達成之下，就把績效獎金給發出去；到最後這個「看起來」的銷售目標，事實上並沒有真正的達成，讓這個績效獎金變成了一個覆水難收的惡夢。

所以在此提供兩個重要關鍵，可以用來判定績效是否已經確實被達成，這個時候再來發放績效獎金，才能夠名符其實讓這個獎金激勵，能夠匹配這個確定落實的績效。這兩個關鍵分別是：

1. 績效完成　　2. 收到現金

發績效獎金的兩個重要關鍵

1. 績效完成

第一個最重要的當然就是確認績效完成的「定義」是什麼，績效獎金之所以會錯發，就是我們對績效的達成產生了「幻覺」，以為銷貨收入的目標都達到了。但事實上，不管是在商業的定義裡，又或者是在法律規範上，實際的交易都還沒有完成，所以這個時候如果績效獎金就已經發放出去，一旦交易被「合理取消」，老闆對於這個已經發放出去的績效獎金，就只能是「啞巴吃黃連，有苦說不出」。接下來列舉三個必須確認績效的情況讓大家能夠當成參考的準則：

A. 交易完成　　B. 鑑賞已過　　C. 債務已清

A. 交易完成

就像前面曾經提到過的案例，如果你把商品賣給通路商，但是你和通路商之間簽訂了一個讓通路商可以「無條件退回」的條款，那麼就算你已經把貨賣給了通路商，這個交易還不算是完成

的。因為你保留一個讓通路商可以退回的機會，所以你就必須等到通路商把所有的貨都賣完之後，才可以確認你的交易已經完成。

換句話說，如果你的業務人員只是把你的貨賣給了通路商，這個時候你還不能發放他的績效獎金，要一直到這個業務人員能夠確認通路商已經把貨都賣掉了，或者是每個月定期清查已經賣了多少貨，而根據真正賣掉的數量來發放績效獎金給業務人員，如此一來才符合「交易完成」的這個定義。

這種情況就類似在通路商是「寄銷」，而不是「銀貨兩訖」的銷售，這個不僅不能計算到業務人員的銷售業績裡面，也會增加業務人員的負擔。因為業務人員還要不時地和通路商去確認銷貨數量，而且就算是通路商回報的銷售數量，也可能會有誤差，但就算有誤差，公司也很難跟通路商進行理論，畢竟未來還要繼續做生意。

更麻煩的是，如果通路商把銷售出去的數量「多」報了，那麼還是會有多付給業務人員績效獎金的情況發生。

所以不管是寄銷也好，又或者是讓通路商可以無條件退貨，對於這種銷售目標確認和績效獎金發放，都容易造成流程上的困擾和溝通成本的負擔。

就財務思維觀點而言，當然希望交易模式和交易完成定義能夠越清楚越好，最好是能夠先考慮採用一手交錢、一手交貨的交

易方式，其次是寄銷或是有條件的銷貨退回。最不建議的方案是無條件銷貨退回，因為這樣子很可能會帶來銷售和績效幻覺，並且會不小心發放不應該發放的績效獎金。

B. 鑑賞已過

第二個跟績效定義相關的，就是我們常聽到的交易「鑑賞期」了。

現在不管是在網路平台購物，或者是在線下商店以及大賣場，很多商家都會提供一段時間的鑑賞期，不論是 7 天也好或是半個月也罷，就是讓你這段時間之內，可以好好鑑賞你所買的商品，如果你不喜歡的話，就可以在這個鑑賞期之內「無條件」的退回。

看到了嗎？這又是另外一個無條件退回的案例。所以，「鑑賞期」的存在，其實也就是保留給客戶一個無條件退貨的權利，在他行使這個權利的時間範圍之內，也就是這個「鑑賞期」，這個交易是還沒有實際達成的，如果你的業務人員是負責這一項產品銷售，他當然也就不可以領取績效獎金。

因為這種鑑賞期對於客戶而言是一種非常好的優惠，所以很多的實體商品，不管是線上或者是線下銷售，漸漸都會提供給客戶這樣的一個體驗機會，所以當在認列銷貨收入的時候，就必須要把鑑賞期的因素考量進去。

　　反觀一些沒有實體的商品或是服務，就比較不會有類似困擾，譬如你在線上訂閱串流音樂、訂閱線上讀書、線上課程，又或者是各種不同的視聽影音；一般商家提供給客戶的體驗，大多都是類似「預告片」，或者是實際內容的一小段來作為吸引訂購的引子，一旦訂購完成，就沒有鑑賞期或者是退貨的權利，那麼在這種情況之下業績的確認相對的就比較清楚，而績效獎金的發放就比較不會有模糊地帶的發生。

C. 債務已清

　　最後一個績效確認的情況比較特殊，是發生在我曾經任職的金融行業或者是銀行產業裡面。

　　我在銀行金融機構工作的那段時間，常常會跟我同事分享，金融從業人員真的是非常不簡單，從交易前、到交易中、到交易後，甚至直到交易完成，一直都是戰戰兢兢、小心翼翼、如履薄冰。

　　像一般的商品交易，如果只要把交易的定義搞清楚了，確認鑑賞期也過了，那麼客戶交的錢放在口袋裡也就心安了，接下來要做的，就是繼續把商品做好，繼續把交易持續就行。

　　可是銀行就不一樣了，在交易開始之前，雖然一心希望借款人能夠貸款，但是要千方百計確認借款人符不符合借款資格；等到確認借款人符合資格了，又要在交易中謹小慎微地看看借款人

文件有沒有作假弄虛的嫌疑；好不容易確認了文件，也讓借款人借到了錢，這時候又開始了另一個擔心受怕的旅程，在這旅程裡業務人員每天要持續做著三種不同的禱告：

一則禱告，希望借款人心地善良，正派經營，千萬不要帶著銀行的大筆款項，捲款落跑。

二則禱告，希望借款人的生活和生意順風順水，一切平安，不要被人倒帳，遇到金融海嘯。

三則禱告，希望借款人千萬要按時支付利息，並在貸款到期的時候準時把本金償還。

重點來了，你以為當客戶還錢的時候，業務人員就開心了嗎？其實並沒有，他真心的希望當你還錢的那一刻，能夠繼續再把錢給借下去。

發現了嗎？在銀行業務人員的生命當中是一直處在矛盾狀況下的，最重要的是當客戶簽下合約並收到借款金額的那一剎那，理論上看起來是業務人員的業績已經達成了，但實際上當你看看業務人員擔心受怕的原因，就知道真正的交易並沒有完成。

對於金融機構和銀行而言，把錢借出去的那個時候只是交易的開始，要一直等到客戶把本金和利息在借款期限內都全部還清，這個時候「債務已清」，真正的業績才算達成，業務人員的績效才算真正的落實。所以千萬不要在交易的一開始就以為是績效達成而發放獎金，那麼業務人員對於後面所可能發生的風險也就不會放在心上了。

2. 收到現金

　　說完怎麼把「績效完成」這個定義弄清楚之後，要發放績效獎金還有一個非常重要的確認關鍵，就是「收到現金」。

　　所有績效都要「不見現金不認帳」。

　　只要客戶是用「賒銷」的方式和我們進行交易，就永遠有「收不到錢」的風險；不管客戶是遭遇到什麼經營上的困境或是市場的風險以致於現金不足，或者根本就是客戶居心不良，本來就打算要倒帳，只要是沒有收到現金，所有的交易就不算真的完成。

　　這也就是為什麼除了確認績效有沒有完成之外，「現金到帳」也是非常重要的關鍵之一。

　　尤其我碰到很多公司，帳上的應收帳款數額都非常的大，每當我問這些公司的老闆，他們都非常頭痛不知道應該找誰來催收這些帳款？有人說應該是財會人員來負責催收，有人說應該是業務來負責催收，也有人說應該是客服人員來負責催收？

　　透過這一堂課的分享，我想要問的是，催收應收帳款以及收到現金這件事情，算不算是整個交易完成的一部分？算不算是整個業績達成最重要的終點？如果沒有收到錢的交易，這還算是完成一個交易嗎？

　　如果從這個角度去思考，誰應該負責催款就相當清楚了。

▶本課重點

績效獎金的發放，主要是獎勵業務人員業績目標的達成，但是業績目標常常會看似達成，但存在著假象的陷阱，我們必須做好確認兩個關鍵，才會避免錯發績效獎金：

1. 績效完成　　2. 收到現金

課後練習

你目前擔任的公司，績效獎金是如何設計的？你覺得目前公司對於「績效完成」的定義，還有必須「收到現金」才能夠發放的這兩個關鍵有納入制度的考量嗎？如果沒有的話，你會建議怎麼改善？

■ 獎金誤區

為什麼設計獎金卻沒有效果？

三個方向，讓獎金真的能夠創造收入

獎金，要讓人能夠看得到、吃得到，也想得到。

說到獎金，我們知道這是員工很重要的一個激勵工具，只要能夠完成交易、達成目標，就可以立刻拿到獎金；所以對於鼓勵團隊向前衝去完成使命，理論上應該是非常有效的。

尤其老闆們都希望公司的收入能夠通過獎金制度，而帶出爆炸性成長；更可以想見的是老闆們對於這種獎金所抱持的期望一定都非常高。

也正是因為這樣，所以期望越高，失望也就越大。很多老闆常常對獎金最大的抱怨，就是花了很多心思設計出來的制度，到最後好像對於業績和收入提升沒有什麼太大幫助，甚至對於業務人員而言，感覺沒有什麼太大激勵效果。

每當有老闆很沮喪地告訴我，他的獎金制度沒有發揮效果的時候，我就會請他回想小時候，爸媽如果要鼓勵我們讀書所給的勵，對我們會不會有效。

打個比方，你才剛進國中一年級，你的爸媽就對你說你要好好努力用功讀書，將來考上台大的時候，就買一台摩托車送給你。我想你的心裡一定OS：「我才國一耶，六年後的事情誰能夠說的準？」

又或者是你的數學分數要能夠及格 60 分都已經是感覺像爬聖母峰一樣，難上加難了，結果你老爸卻對你說，只要你考上 90 分，我就送你一台 iPhone（我們那個時候雖然可能還沒有 iPhone）。這個時候你心裡可能會想：「老爸，如果你不想買手機給我就算了，男人何苦為難男人？」是吧？

更經典的是，如果你老媽告訴你只要你考上第一名，就送你一本 Notebook，注意喔，是真的 Notebook 筆記本，而不是筆記型電腦；你一定會在心中吶喊：

「媽呀，我已經有一堆筆記本了，而且還都是『免費』的，老媽你到底是想不想要我考第一名啊？」

所以囉，看完上面的例子就會知道，不是拿出獎勵來，對於被獎勵的人就一定會有效。身為一個老闆，如果真想要靠「獎金」能夠提升「收入」，也不是只要把獎金制度設計出來就能夠達到效果，真正的關鍵是要思考三個重要的方向，分別是要讓獎金「看得到」、「吃得到」，還有「想得到」，接下來就一一和大家分享。

讓獎金設計更有效的三個思考方向

1. 看得到：激勵要即時

第一個要特別注意就是要讓你的獎金設計和獎勵很容易被

「看得到」和感受得到。就像前面講的那個摩托車一樣，這個獎勵實在是太遠了，以至於沒有辦法激起「現在」立刻開始努力的動力。

　　還有就是達到目標的時間，和發放獎勵、獎金的時間不能離得太遠。

　　就和訓練動物一樣，一些訓獸師在訓練動物的時候，每當動物做對了某種動作，這些訓獸師們就會立刻給這些動物們食物，「即時」給牠們獎勵，這個即時的作用和關鍵，是要強化這個績效和這個獎勵的連結，讓這些可愛動物們知道，只要牠們做對了動作，達成目標，就可以立刻得到這個獎勵。

　　獎金設計也是一樣，只要業務人員確定達到了績效，就應該在最短的時間之內把相對應獎金發放給他們，作為即時的激勵。

　　印象中曾經讀過一篇文章，大致內容是描述所謂的「黑幫經濟」，大概的論述是說黑幫的運作除了本身的惡勢力之外，很多執行的效率和驅動力，是來自於獎勵的即時。打個比方，如果一群人跑去打家劫舍，或者是搶劫銀行，回來之後就立馬大夥兒「就地分贓」，這種「即時」的回饋，就會強化執行的動力。

　　再想一下我們平常設計獎金的方式，是不是就感覺拖拖拉拉的，好像你就算做得多好，也不一定立刻可以得到什麼好處。

如果是「月獎金」感覺時間還不會太長，「季獎金」就感覺有點久了，而最常見且一般給的都是「年終獎金」。這會讓人不禁心裡想：天啊，一年才給一次，而且到底這份工作能不能撐到那個時候都還不知道，你叫我現在拼了命地幹，那我是「為誰辛苦工作，為誰忙」？

2. 吃得到：能力要匹配

第二個很重要的關鍵就是要讓被獎勵的人，感覺這個獎勵是可以「吃得到」，而不要設一個比天還要高的目標，那讓人根本就放棄了努力去爭取的動力。

就像前面學生時代的例子一樣，都還在及格邊緣掙扎呢，你就給了一個「學霸」水準的獎勵，這不是擺明了挖苦人，或者根本就是要人放棄？

所以我常常分享獎金設計的概念，應該就類似一個「階梯型設計」，讓每一個不同階段的人都可以拿到不同階段的獎勵，做到小業績就給小一點的獎勵、多一點業績就給更多一點獎勵、做了更大的業績就給更大的獎勵；每突破一個業績關卡，就可以拿到比上一個關卡相對比例更多的好處，這就是階梯型的概念。其實很多傳銷公司的獎金都是類似這樣設計，這樣設計的好處，就是讓不同能力的人可以依照他們能力，領到不同獎金激勵。

如果再把這種思考方式拉回學生時代，我們就會知道這種獎勵學生努力用功的方式，不一定只有拿高分的學生，或者是前幾名的學生才有資格拿到。還記得所謂的「最佳進步獎」嗎？可能拿到這個獎項的人，是從數學 50 分進步到 70 分，整整進步了 20 分；如果是原來 90 分的人，他就沒有辦法拿到這樣的獎項。事實上一方面他不需要這種獎項，一方面最佳進步獎也不是為他而設計的，但是這個設計卻可以提升整個班級「平均的成績」。

所以當進行獎金制度的設計，也要認真考量這種「因材施教」能力匹配的設計方式，畢竟只要每個人都能夠讓公司的績效提升，企業整體的效能和收入就可以得到進步。

3. 想得到：誘惑要對味

第三個獎金設計的重點，就是要員工「想得到」這個獎金，而不是覺得這個獎金可有可無。換句話說，如果獎金制度不夠吸引人的話，那麼對於業務人員也就不產生任何的激勵效果。通常這種可能發生的情況有兩種：

A. 金額太小　　B. 不成比例

A. 金額太小

第一種情況就是你的獎金實在是太少了，少到讓人提不起勁去完成這個交易。

就像我一個好朋友在中國做食品業，由於產品本身就非常便宜了，所以一般都是採網路直銷的方式進行銷售。

　　有一次他突發奇想，想在節日推一個禮盒，然後讓員工全員動員的方式，只要每銷售一盒就給獎金，結果發現員工幾乎沒有人把這個禮盒給賣出去，讓他覺得非常沮喪。

　　我瞭解了之後，才知道他每個禮盒定價 100 元人民幣，因為本身毛利也不過才人民幣 20 元，所以他給員工的獎金，就是每賣一盒給 2 元人民幣；現在在大陸隨便吃一餐飯可能都要 1、200 元人民幣，你說這 2 元的獎金怎麼能夠激起人們銷售的慾望和動力呢？

　　透過這個案例其實可以得到另一個啟示：如果產品是非常「薄利」的，可以運用的促銷費用或者是行銷費用非常有限，就像是這裡的獎金也是一種促銷費用；假設已經是非常「微利」的經營模式，能給的促銷獎金不多，而就算給了也不具有吸引力的話，就不適合透過這種獎金設計方式，期望得到銷售的增長。

B. 不成比例

　　另一種情況就是拿到的獎金和自己的薪資或者是努力感覺不成比例，這個時候也沒有辦法激起業務人員的慾望去努力地推銷商品。

　　就像有一位大姐在中國銷售美容器材，一開始一台機器售價是 5,000 元人民幣，銷售人員只要賣出一台就可以抽成 1,000 元，她覺得這樣的抽成已經非常高的；直到有一次上海的銷售人員接到電話，是北京客戶希望他們能夠過去介紹機器設備，

沒想到這些在上海的業務人員沒有一個想飛過去，這位大姐就問她們為什麼不去呢？ 銷售人員很老實回答說，從上海到北京一來一往至少要兩三天，而且機票交通住宿都要自己出，根本就賺不到錢。

這位老大姐恍然大悟，這樣的售價和獎金制度是沒有辦法鼓勵業務人員到外地拓展的，所以就把產品重新設計，除了原本設備之外再加上一些周邊商品，然後把原來售價從 5,000 元，提升到 20,000 元，並且銷售人員只要賣出一台就可以抽成 6,000 元；沒想到在增加價格的情況之下，公司毛利大幅上升，銷售人員每賣出一台的獎金，就比他們平均月薪 5,000 元還要來得高，就算到外地去出差也划得來，大家就開始全國跑透透的強力銷售，在短短半年之間就達到了損益兩平，目前在中國幾乎已經是第一名的知名品牌了。

調整新舊產品後的獎金分配與毛利（單位：元）

RMB	舊商品	新商品
售價	5000	20000
成本	2000	6000
獎金	1000	6000
毛利	2000	8000

千萬要記得，獎金是用來激勵人的，除非員工想要這個獎金，要不然就算設計出來，對收入提升也不會任何幫助。

▶本課重點

獎金的設計是要用來幫助公司達成目標、增加收入，所以如果要有效地設計獎金，就要關注三個主要的方向：

1. 看得到：激勵要即時
2. 吃得到：能力要匹配
3. 想得到：誘惑要對味

課後練習

看看自己公司有哪些獎金類別？能不能找出三種獎金看看是否符合本堂所說獎金設計的三個方向？如果不符合，你會建議怎麼樣加以修正？

■ 股權激勵

是否該給核心員工
「免費」股權？

三個重要觀念，留住核心團隊的人和心

股權，就是要自己幫自己掙錢。

　　很多經營者常常會來問我，到底要怎麼樣可以透過股權設計來激勵核心員工？通常我會先簡單問他們三個問題：

　　1. 你要設計的這個股權，是要無償，也就是免費給你這些核心團隊嗎？

　　2. 你為什麼會想要用股權的方式，來給你所謂的核心團隊？

　　3. 這個股權給了員工，對他會有什麼樣實質上的好處？

　　通常第一個問題答案都比較簡單：「既然是『股權激勵』，所以當然是『免費』給這些核心員工的啊。」不管是老闆獨自一個人分一部分股份給員工，又或者是請股東會同意讓出一部分股份給這些核心員工，當然是要免費發給員工的，才會讓員工感動，也才會有激勵的效果。很多老闆都會有這樣的認為。

　　至於為什麼會用股權的方式來激勵所核心員工？就像前面曾經說過，如果是用獎金就可以激勵的話，就不用大費周章地使用「股權設計」的方式。所以通常這個時候大多數的老闆或創辦人都會說：「給了他股權就是『股東』了，也就是合夥人，既然是合夥人就可以同心協力，為公司賺錢、為公司成長來努力。」

　　而核心團隊拿到這些股權之後，到底會有什麼好處？既然是

股東，所以所有股東可以得到的好處，理論上都可以擁有。這些
問題想要問的是公司老闆，而根據過去的經驗，多數的公司老闆
一致的答案，大概都是可以分享公司的利潤，以及未來公司如果
上市可以從股價上面獲取回報。

　　透過上面這三個問題，以及最常見的答案，我想傳遞三個觀
念，讓大家理解股權激勵的意義，以及真正可以留住核心團隊的
做法：**1. 績效導向　　2. 出資入股　　3. 現金分紅**

想留住核心團隊的三個重要觀念

1. 績效導向
　　首先來看看「無償」取得股權，既然把股權「送給」了這些
員工，理論上就是從老闆或是大股東的手裡拿出一部分去獎勵他
們，而重要的是這不是「一次性獎勵」，而是對未來「永久利潤
分配的承諾」。

　　什麼意思呢？舉個例子，如果你是老闆，有三個員工，假設
你今年賺了 100 萬，你把 30 萬當成是獎金發給三個員工，那麼
每個人拿了 10 萬之後，最後的 70 萬就由你一個人來獨得。
　　如果明年你又賺 100 萬，但是這時候你覺得這三個人今年都
沒什麼太多的貢獻，所有的生意都是老闆一個人搞定的，那麼你

就有權利決定這三個人一毛錢的獎金都拿不到，而你自己可以獨享這 100 萬。

這就是獎金制度在某種程度上，可以「彈性調整」的特性。因為每一個人在不同期間的績效是完全不一樣的，所以公司就可以按照每一個人在不同期間的績效，給予不同的獎金。

但如果你一開始創立公司的時候，就撥出了 30% 給這三個員工，每一個人占的股權比例是 10%，而你則占了 70% 的股份；如此一來假設第一第二年都跟前面情況一樣，淨利都是 100 萬，又假設公司要全部分紅的話，那麼不管這三個人還有你自己對這兩年的貢獻績效誰高誰低，所有的分紅都是你 70 萬，而其他三個員工每人 10 萬，完全必須按照股份的大小來進行分配，沒有任何調整的空間。因為股東不是獲取公司獎金為主的，主要的獲利靠得就是股份的多少和股權的比例。

換句話說，一旦把股權分配給員工之後，他就有權在他所占的股權比例上面，獲取每年分紅的權利，至於這部分的權利和他對公司每年投入的績效，就已經完全脫鉤了。

所以用「無償」的方式發給核心團隊股權的時候，要認真思考一下到底是不是把它當成「獎金」來發放了？

假設當你發放獎金的時候，是獎勵過去一年，或者過去一段時間，員工對於公司的貢獻，這是非常順理成章的，因為獎金本身就是一個「事後」的概念。當你發放獎金的時候，你已經可以

確認員工過去的績效和貢獻，所以這個獎金是可以和公司的效益
互相匹配的。

但是股權就不一樣了，透過剛才的分析，股權已經是一個對
未來利潤分配的「事前」規畫，不管你對公司的貢獻有多少，只
要你擁有股權，你就可以合理取得股權比例所分配的利潤。

所以這種獎金「事後」，股權「事前」的概念，要先掌握清
楚，才知道想要給員工的到底是什麼。

獎金和股權差異表	
獎　金	股　權
事後發放	事前規畫
可彈性調整 （依員工在不同期間的 績效，給予不同的獎金）	只要擁有股權，就可以合理 取得股權比例所分配的利潤 （無論是否對公司有貢獻）

2. 出資入股
　　第二個有關於為什麼想用股權激勵的方式，來分配給核心
團隊。大多數老闆說的原因，都是希望核心團隊能夠進一步成為
「合夥關係」，而不僅僅是老闆和員工的從屬關係。
　　所以從想要員工變成「合夥關係」這個觀點來看，我們就來
澄清兩個很重要的迷思：

A、合夥認同

第一個要澄清迷思就是，所謂的合夥關係到底是不是所謂的激勵工具？

通常講「激勵」，都是透過某種方法或者工具來強化我們想要別人達到那個目標的「行為」；所以激勵真正的關鍵，是改變員工他的行為模式，至於他心裡怎麼想的其實是沒有辦法知道，也不是很清楚的。

打個比方，你的業務人員只要賣出 100 元的貨，就可以獲得 30 元的獎金，而這個獎金就是一種績效獎金，你設計這個績效獎金的目的，就是希望激勵他的銷售行為更加的積極，去達到交易的目的。

但是至於他喜不喜歡這個商品，或者認不認同你這家公司或者是商業模式，還有未來的發展方向，跟這個激勵是完全沒有關係的。其實在本質上，就像我們看到訓獸師給動物食物，讓動物做出相對應的動作是一樣的道理。

但是合夥關係就不一樣了，要的是一個真正從心裡面覺得自己是一群「團隊」的感覺，什麼叫團隊呢？就是擁有「共同目標」的一群人，英文 Common Goal，真正的關鍵字是「認同」；也就是他認同這家公司，認同公司的理念，也認同公司所要帶領的方向，在這種情況之下他願意和公司榮辱與共、不論成敗都願意一起面對，這才是合夥本質上的意義。

　　而當我們把股權作為獎勵發放給員工的時候，其實是沒有辦法知道員工心裡的「認同」到底是什麼。

B、損失厭惡

　　第二個迷思就是「無償」給員工這些股權，會讓員工更為感動，積極努力的為公司奉獻？

　　說句老實話，站在員工的立場，反正我一毛錢都沒有出，如果公司賺錢了我能夠分配利潤當然很好，但是就算真正賠錢了，我也沒有虧到，所以公司如果有損失，對我也不會造成太大的傷害。

　　從這裡就看得出來，沒有花錢這件事情，不僅不會成為激勵，反而會讓員工看待公司的成敗非常的冷漠。

　　心理學上有一個很著名的理論，叫做「損失厭惡」，就是當我們撿到 100 元的快樂程度，會遠遠小於我們丟掉 100 元痛苦程度。所以無償取得股權，就像撿到錢一樣，快樂雖有但不會持久，不過如果是自己拿錢出來投資的話，一旦虧損，在每一個人心目當中在乎程度，會比無償取得股票大很多的。

　　所以透過上面這兩個迷思可以知道，除非員工自己拿錢出來投資公司，變成公司的股東，才代表是一種真的「合夥認同」；而且又因為心理學上的「損失厭惡」心態，也唯有當自己拿錢出

來投資公司的時候，他才會在乎公司的經營成效，在乎公司的未來，成為公司名符其實的合夥人。

3. 現金分紅

第三個問題就是拿到了股權，到底有什麼好處？也就是成為一個「合夥人」到底有什麼好處？

我們必須回到公司的本質，所有企業最主要的目的就是為了「賺錢」，所以千萬不要被資本市場的上市上櫃所迷惑，也不是所有的公司都一定要上市上櫃，或者是一定能夠上市上櫃。既然股權是合夥關係，我們也鼓勵合夥關係用現金購買股票，來證明你認同公司未來的價值。那麼就應該把「現金分紅」當成是擁有股權一個很重要的投資目標，如此一來身為核心團隊的成員，除了自己的薪資之外，也一定會為了自己的年底分紅而更加努力。

總之，當我們思考要將股權激勵作為留住核心成員工具的時候，參考三個重要觀念，相信真的能夠留人、留心，達到為公司共同努力的目的。

1. 績效導向：如果想要的是可以彈性調整的激勵方式，那麼就用獎金即可，因為一旦把股權發放下去，其實反而就是和績效脫鉤了。

2. 出資入股：股權代表的是一種合夥制度，不是用激勵的工具可以促成的，而是一種「認同」，所以最好的方式是透過真金白銀，拿錢出來購買股權。

　　3. 現金分紅：既然是合夥關係，也就是一種投資目的的結合，不要好高騖遠只看對資本市場的上市上櫃，能夠認真賺錢發放現金紅利，讓投資回收，就是給合夥人最直接的保障。

▶本課重點

留住核心員工成為合夥團隊，不一定要透過無償股權激勵，認真思考三個觀念，讓核心員工真正能夠留住人、留住心，而且一起共同打拼創造公司價值：

1. 績效導向　　2. 出資入股　　3. 現金分紅

課後練習

除了股權激勵之外，有沒有聽過公司想要留住核心成員的其
他方法？試著舉出一個例子，並試著用本堂課的三個觀念分
析看看那個方法能否達到預期的目的？

_____

_____

_____

_____

_____

_____

_____

_____

_____

_____

_____

第 **18** 課

■ 能力陷阱

換了能力好的人怎麼 績效沒變好？

「三成本」「兩作法」，讓員工新舊都好

能力，是逐步累積過程的結果。

許多傳統行業的老公司，在面臨網路時代來臨或是世代交替的時候，常常會很緊張地告訴我他們公司員工能力實在都跟不上，是不是該考慮換一批新血，才能夠讓公司更有競爭力。言下之意，好像就是要把老員工給汰換掉，公司才有辦法活下去。

但事實上老員工是非常有價值的，而且會碰到很多老闆把老員工辭退之後，換上了有「能力」新員工，結果公司績效不升反降。這就是因為在關注新進員工能力的同時，卻忽略掉了一些伴隨而來，很重要但卻看不見的成本。

接下來分享三種無形成本，是在員工汰舊換新的時候必須特別注意的，以及提供兩種方法讓企業中的所有員工不管新舊，都可以變成公司有價值、有能力的資產。

首先來看看在人力資源汰舊換新的過程當中常常可能忽略的三種無形成本，分別是：

1. 學習成本：流程系統

2. 經驗成本：環境感知

3. 溝通成本：人際關係

人力汰舊換新時容易忽略的三種無形成本

1. 學習成本：流程系統

首先從最基本的來看，就是新進人員「學習成本」。

因為每一家公司一定都會有屬於自己的工作流程，以及配合工作流程的相關系統，就算這個系統是所謂的套裝軟體，裡面的內容和設定，不同的公司也都會有很大的差異。

這種情況之下，新進人員初來乍到，如果要開始進入工作狀況，他首先必須學習的就是企業的工作流程和相關系統操作，而這些基本技能的學習都是需要時間的。

尤其如果公司本身的專業領域就是非常的獨特，先不講實際上的工作細項，光是一些特定的「專有術語」，甚至是企業內的「習慣用語」，就非常的需要費勁才能搞清楚。

還記得我一開始在半導體公司工作的時候，最令我頭痛的就是每次開會大家習慣喜歡用「縮寫」的方式進行溝通或簡報，對於菜鳥成員來說，這些縮寫簡直就是天書，常常是簡報的人說得很開心，但下面聽的人卻聽得很模糊。這個時候你就會發現這些老員工們，在分享這些縮寫術語的時候，彷彿就是說著屬於他們自己專屬語言，如行雲流水般的毫無障礙。

而公司也知道這種情況會造成大家溝通上的困擾，所以在公司內部網站裡還專門有一個「縮寫園地」，就是把類似的縮寫文字放在一個地方，供大家查詢，以降低學習的時間和成本。

想想看，光是專有名詞和縮寫都要耗費這麼大的學習心力，更不要說我們那個時候還有一整個圖書館的標準作業流程，以及十多種的大型系統需要學習，對一個新進人員來說，除了工作之外，這部分的負擔也是非常沉重的。

2. 經驗成本：環境感知

第二個很重要的隱形成本，就是新員工再怎麼優秀，對於環境的感知程度一定沒有老員工來的深切，所以老員工的「經驗價值」在這個時候就會特別突顯，相對而言，企業要承擔這部分新進員工的經驗成本也就必須要格外謹慎。

在記憶體工廠工作的那幾年，和公司的廠務處長關係非常好，因為他不僅是我大學的學長，也是帶我一起學習爬山的前輩，所以每當我有空閒的時候，就會纏著他，請他帶我去工廠四處巡訪。最主要是想要向他學習整個工廠的內部結構是怎麼樣設計的，而且包含各種不同的化學品和氣體的運送，以及安全設施的規畫，甚至是各種不同區域他的動線要怎麼安排，才能讓生產的效率和效能達到最大。

有一次我們在廠區裡面一邊逛一邊聊天的時候，他突然停下來靜靜的待了一會，然後立刻打電話給他屬下交辦了一下事情，我們才繼續前進。

我問他發生了什麼事情嗎？他說他剛才經過一個排風閘門的時候，感覺氣體流動的聲音不太對勁，沒有像平常排氣的時

候聲音那麼平順，所以他打了電話給屬下確認，希望他們來檢查一下。沒想到屬下告訴他今天上午在監控室裡面就發現這個問題，確認是管路有點鬆脫，雖然沒有大問題但是已經安排下午來維修了。

　　這讓我真實感受到，什麼叫做「薑還是老的辣」，這種對環境的感知和敏銳度，我相信不是新進員工在一年半載裡可以培養起來的。

3. 溝通成本：人際關係

　　最後一個非常關鍵的隱形成本，就是溝通成本了，我相信這也是所有人最能夠感同身受的一個無形成本。

　　中國人常喜歡說的一句名言是：「有關係就沒關係，沒關係就有關係。」

　　這裡的關係說的就是人際關係，在一個企業或團體裡面，如果彼此的成員都非常熟悉而且相識已久，不只是有朋友的情誼或者是共同奮鬥的革命情感；更重要的是「合作默契」和「彼此信任」，在推動所有工作進度的時候會減少非常多的溝通成本，讓一加一大於二的績效能夠快速的體現。

　　這就是我常說一個團隊建立要經過四個階段，分別是『形成（Forming）、風暴（Storming）、規範（Norming）、績效（Performing）』；而任何成員的加入或者是離開，都或多或少要重新經歷這樣的一個循環，這就是溝通成本不容忽視的主要關鍵。

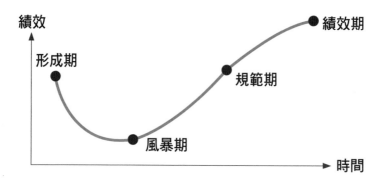

團隊建設四階段

　　所以，新舊員工汰換，除了要專注能力之外，也不能忽略上面三個非常重要的隱形成本。

　　除此之外，想要真正能夠跟上社會的脈動、強化公司的競爭力，最好的方式就是要效法巴菲特的最佳夥伴，查理・芒格，一生致力推動的「多元思維模型」，也就是不要把自己的知識畫地自限，而要不斷培養好奇心，靠著一點一點的累積，持續不斷推升自己各個不同知識領域的能力，在這個部分公司可以協助的方向體現在兩個部分：

A. 建立企業學習型組織　　B. 連結學習與績效薪酬

A. 建立企業學習型組織

不管知識的變動是快還是慢，但可以確定的是環境是持續不斷「變動」的。所以讓員工了解環境的變動，為什麼變、怎麼變，以及可能會變成什麼樣，就是可以和員工一起學習的方向。

除了大家非常熟悉的企業內訓，還有公司內部的讀書會和不定期的知識講座分享之外，目前「線上學習」的「知識經濟」，已經幾乎成為職場人員進修強化競爭能力的一個有效工具。

像我自己就加入了很多線上學習的平台，成為年度會員，譬如大大學院、微信讀書、得到和樊登等等；而且這些知識經濟的平台都已經結合了「社群功能」，所以你可以和你的好朋友在上面把學習當成是遊戲一樣，彼此競爭、彼此鼓勵；看誰讀的書多，看誰學習時間長，讓這種良性互動變得又有趣又好玩。同樣的，公司就可以把這種模式也放到組織裡面來，讓組織的同仁們把讀書和學習變得生動活潑，再加上公司同事每天在一起工作生活的時間這麼長，互動又如此的頻繁，如果能夠把學習當作是一件樂事的話，相信會比外在知識經濟平台，能夠收到更事半功倍的效果。

B.連結學習與績效薪酬

畢竟公司不是為了學習而學習，學習目的還是希望能夠提升工作績效，還有公司營收。所以第二個重點就是一定要把「學習成果」和「績效薪酬」結合起來，這個其實和「遊戲思維」是一樣的道理。

　　遊戲本身當然一定要有趣好玩，但是也必須要有相對應反饋，不管是寶物、積分，還是過關斬將，代表的就類似職場上的升官加薪。所以如果我們的學習能夠推動在工作上面的表現，或是幫助我們解決工作上的難題，那麼自然而然最後一定會呈現在績效上，而對薪酬有所幫助。

　　記得在台積電工作的時候，曾經建立了一個內部網站的「知識管理園地」（KM Knowledge Management）；裡面會放上跟工作相關很多推薦的書目、文章和網路連結，提供部門學習和解決問題之用。

　　另外公司內部還有一個「提案制度」的網站，如果你有任何的改善建議或提案都可以在上面提出，而品質管理部門會針對評估之後決定是不是要採納你的提案，如果一旦採納了就會給予相對應的獎勵。

　　而每到年底部門的績效考核表裡面，你就可以列上在「知識管理園地」裡，或者是其他地方自己學習到的內容，以及在工作上怎麼樣幫助你成長和提升績效；如果這部分有被列為提案，而且被品質部門採納的話，就會有明確的績效加分，而直接反映在當年的考核和獎金裡。

　　如此一來「學習」就不再是一個乏味而且陳義過高的東西，會和遊戲一樣有直接的連結反饋，影響我們的績效薪酬，也會和遊戲一樣有趣好玩，激發熱情，讓我們持續過關打怪。

　　這樣就更能夠讓學習型組織不斷擴大，而這個正向循環也就可以持續提升公司的競爭力。

　　所以老員工不是不好，老員工不懂得學習，沒有好的學習環境和激勵制度，才是弱化企業競爭力的主要原因。而走在世代交替的浪頭，就算要納入新人新血，也不要隨意汰換老員，因為三種可能忽略掉的無形成本（學習成本、經驗成本、溝通成本），會讓你賠了夫人又折兵。

▶ 本課重點

當我們覺得老員工能力不足而想要把它換掉讓新員工進入到組織的時候，要謹慎考量三個會降低組織績效的無形成本：

1. 學習成本：流程系統
2. 經驗成本：環境感知
3. 溝通成本：人際關係

另外提供兩個做法，讓公司所有員工都可以樂在學習，持續不斷推升能力：

A. 建立企業學習型組織　　B. 連結學習與績效薪酬

課後練習

在你的職場生涯中，不管是你自己或你所遇過的老員工，能
否針對本課所說的三種無形成本，舉出你切身遇過的案例？

■ 創意導向

研發預算不夠怎麼辦？

三個做法，避免掉入研發錢坑

> 企業研發，是要滿足需求獲利，而非學術研究。

很多企業主或老闆常常擔心公司因創新精神不夠，而慢慢地喪失市場競爭力；可是一提到創新研發，就覺得更傷腦筋，連生產行銷資金都這麼緊了，還要再花「一大筆錢」去進行創新研發，實在是壓力太大。

換句話說，在很多人心中研發都是需要花大錢的，而且最重要的是還不知道研發出來成果是否有效益，這種情況之下，常常會在研發和預算的抉擇中陷入兩難，但事實上真的是這樣子嗎？

接下來分享三種創新研發思路，不再把研發當成是必要的錢坑。讓企業在思考研發創新的時候，也可以同時兼顧預算管理和效益，這三種方法分別是：

1. 政府補助的創新研發
2. 客人買單的創新研發
3. 限制預算的創新研發

避免研發掉入錢坑的三個方法

1. 政府補助的創新研發

首先可以利用政府補助，來幫助自己推動創新研發的腳步。

我認識一位非常知名的企業家，公司主要是做綠色環保產品，所以節能減碳、盡量減少耗費不必要資源，是他所有產品和生產過程當中非常關注的一個重點。而其中最讓我驚豔的，是總部辦公大樓完全就是一棟綠建築，透過各種不同的物理設計，和建材運用，讓整棟建築不需耗費太多電力就可以達到冬暖夏涼的效果，而且整個屋頂都是別具心裁的太陽能板發電裝置，也讓他們的電力幾乎可以自給自足。

因為這種設計的關係，所需的水費、電費等變動成本，幾乎是其他同樣規模企業的零頭而已，甚至有的時候他們多出來的太陽能電力還可以賣出獲利。

更讓人瞠目結舌的是，當我問他們這棟已經成為景觀地標的建築，整個建造成本需要花多少錢的時候，他竟然告訴我幾乎是極低的成本。因為整棟在一開始規畫的時候，就朝向政府推動的綠建築「補助」來設計，所以說不管是環境也好、供應商選定也好，並沒有用到太多自己的資金。

而且因為整棟建築有得到國際綠建築設計大獎，所以很多廠商都願意用免費贊助方式來提供相關建材，這樣又更進一步壓低了所有建造成本。

我聽完後不禁豎起大拇指稱讚：「這實在是太有智慧又太具有整合能力了，能這麼樣善用政府的補助資源，把政府想要推動綠建築的目標利用民間力量達成，還可以做得這麼有質感成為國際級的建築設計地標，只能說你們策略方向真的是一流的。」

　　沒想到這個總經理後來哈哈一笑說出了令人發人深省的一段話：「我哪有什麼策略目標，我只不過符合了我們老祖宗說的那句有名的名言，就是『窮則變，變則通』。」

　　他說當時在思考到底是要租辦公室還是自己蓋辦公室，但是不管是要租還是要蓋都需要錢，只不過他們實在沒什麼經費。後來剛好看到政府在大力推動綠建築的補助方案，便開始認真朝這個方向思考，看看可不可以用政府補助的方式，只要用「小小的資源」、「大大的腦力」，就可以完成一個夢想中的綠建築，沒想到他們最後還真的達成了。

　　這是我見過最極致的把政府補助結合創新研發的案例，也是把這種「窮則變，變則通」，「成功的人找方法，失敗的人找藉口」的創業家精神，發揮到淋漓盡致的典範。

2. 客人買單的創新研發

　　第二個就是讓客人買單的創新研發。

　　通常在做研發創新的時候，最擔心就是不知道研發出來的東西客戶會不會喜歡？客戶一旦不喜歡的話，所有時間和心血成本就全都泡湯了。

　　所以在研發之前就能夠確認客戶對研發的成果是喜歡的，會讓研發人員非常的安心。另外客戶若能夠對所有研發創新的費用都「買單」的話，更可以解決公司預算不足或是研發費用不夠的情況。

　　我認識一個專門做鞋子設計製造的企業家大姐，她和美國的大型連鎖賣場合作已經超過了 20 多年，在這期間很多美國人腳下穿的實惠平價鞋子，都是透過他們進行設計並且製造完成。

　　而在他們和大賣場合作這麼多年過程中，曾經碰到過有一個小插曲，就是這個包裝鞋子的鞋盒，常常會因為硬度不夠或者是不耐潮濕，而影響了鞋子的保存還有物流的運送。後來這家大型賣場竟然直接撥了一筆款項，和這位大姐一起進行研發，終於用了新的材質和新的工藝，製作出了一款強度和抗潮濕度都比以前還更為優質的包裝盒。而且更難能可貴的是，這個客戶只把這個款項當作是買這個鞋子包裝盒的預付貨款，而把所有的研發成果都送給了這位大姐。換句話說，這位大姐是透過客戶的買單，直接把所有的研發成果轉成了銷貨收入，而且還是用「預付」的方式進行，所以在研發預算上面等於完全沒有用到這位大姐自己公司的資源。

　　像這樣完全是以客戶需求和痛點出發的研發創新，而且在客戶資源充足的情況之下，協助研發者解決資金不足的困擾，就是一個非常好的合作互利案例。

3. 限制預算的創新研發

　　第三種方法，就是從根本觀念上「限制創新研發預算」，也就是假想自己在沒有預算的情況之下，要怎麼樣能夠達到創新研發目的。這就有點像前面那位綠建築總經理所說的，「窮則變、

變則通」。

　　經濟學大師熊彼得曾經把創新研發歸納成五個方向：「**新產品、新生產、新市場、新供應、新組織**」，在思考研發方案的時候，千萬不要執著在單一方法上面，可以透過這五種情況激發自己想像力和創造力：

A. 新產品

　　第一個創新是產品的創新，假設在預算有限情況之下，有沒有機會不花大錢就可以在產品上面進行研發創新呢？

　　就像我們曾經投資過一家專門生產地瓜產品的公司，目前他們的地瓜已經在很多的便利超商都可以買得到，像我自己就很喜歡，一早起床來一顆熱騰騰的地瓜，配上無糖豆漿，就是健康又美味的早餐。

　　而這位賣地瓜老總，只不過動個特殊的創意：把熱騰騰的地瓜，放到冷凍庫裡面研發出了新口味的冰心地瓜，口感就像是地瓜綿綿冰一樣；尤其在夏天吃的時候還有解暑的效果，推出之後非常受到市場歡迎。

　　這就是個不花大錢新產品的創新研發實例。

B. 新生產

　　其實類似工廠流水線的生產方式，就是不花大錢的生產研發。

　　還記得小的時候，家裡都還有所謂的家庭代工，也就是每個家庭都會拿一些組裝或包裝的工作回家做，當你把這批貨做完之

後，再把一整批貨拿到下一個家庭去，再讓他們繼續接著做，這樣情況當然整個生產時間就會拉得很長。後來在我們村子裡的活動中心，就建立起了很陽春的生產線，也就是好幾個家庭把要做東西都一起拿到活動中心裡面去，這麼一來當你完成一部分的生產之後，這些半成品就不需要搬來搬去，只要下一個家庭直接接著做就可以了。這個和工廠的流水線是完全一模一樣，這其實就是不花大錢的生產創新。

C. 新市場

第三個是新市場的創新，也就是把舊產品給不同的客戶。

至於新市場創新也非常的多，就像大家所熟悉的威而鋼，原本一開始的功效是要治療心臟病用的，但沒想到後來對於男性性功能障礙很大的療效；甚至像我們騎車登山，或者跑步登高、爬山等等，所可能產生的高山症，也有一定的緩解效果。

雖然這種研發還是要經過一定的人體實驗，但是相對於整個新藥的開發而言，這個成本的投入已經是非常實惠了。

D. 新供應

第四個是新型態的供應創新。

自從網路盛行以來，整個供應鏈的模式已經起了翻天覆地的改變；就像我有一個親戚本來是自己開個小店，販賣水餃還有一些小菜，但是因為他的水餃實在是太好吃了，後來知道的人越來越多，有好多人慕名而來向他買水餃，結果他的女兒乾脆就幫他

把水餃變成冷凍包裝，然後用網路方式銷售並宅配到府，用這種新型的線上供應鏈，不花什麼大錢，就幫他打開了另外一個商業模式。

E. 新組織

第五個則是新型態組織的創新。

隨著網路科技盛行，越來越多工作已經不是透過一個完整公司組織來完成了；而是有很多身在各個不同地方的獨立工作者，協同來一起完成，在這種情況之下，組織模式已經完全不同於過去所認識的企業或者是公司組織。

就像我認識的策展設計師，事實上他公司正式員工只有他一個人，另外兩個助理都是兼職的學生，每次只要他一接了案子回來，他的兩個助理就分別幫他把提案和企畫書完成；包含在策畫展覽中所需要的廠商、報價等等，一旦確認得標，就要開始展開和配合廠商共同完成策展專案的工作。

所以這個設計師沒有沉重的人力成本，也不需要在公司內部成立什麼特殊的功能部門，只要當他接到案子的時候，能夠找到合作的組織就可以了，這是一個非常好降低風險的組織型態。

總而言之，不管是政府補助、客戶買單，或者是自己嘗試用限制預算的方式進行創新研發也好；主要是告訴大家，研發不一定要花大錢才能達到想要的目的。尤其是很多小企業或是新創的

公司，在一開始的時候並沒有很多的資金，那就更要發揮創意，
用窮則變變則通的方式，滿足客戶的需求，在市場上異軍突起。
沒錢，絕對不是藉口，讓我們只看「方法」，不找理由。

▶本課重點

研發創新不一定要花大錢才能夠達到目的，有三種方式可以在有限
的資源裡達到創新研發的目的：

1. 政府補助的創新研發

2. 客人買單的創新研發

3. 限制預算的創新研發

課後練習

你身邊有沒有花小錢，或是不花錢而達到研發創新目的的企業或者公司，他們是怎麼做到的？而他的研發方向是屬於熊彼得創新五種方法裡的哪一種呢？

_____

_____

_____

_____

_____

_____

_____

_____

_____

_____

■ 專利迷思

申請專利是必要的嗎？

三種形式，了解專利申請的重要順序

專利，要產生效益才是值得申請的無形資產！

在創投界待了這麼多年，常常也會有很多的機會和創投界其他公司朋友一起去看案子。一開始我經常聽到投資人會詢問被投資的公司：

「你這個技術有沒有專利？」

「這個產品已經申請專利了嗎？」

「你除了申請亞洲的專利之外，有沒有同時申請美國和歐洲的專利？」

感覺專利就是一個非常重要且有價值的東西，如果有了專利的話，好像就能夠幫公司如虎添翼，讓做生意成功機率就增加了不少。

可是當評估過的公司越來越多之後，也發現很多公司會直接在報告過程裡，特別強調擁有了多少專利，已經申請了多少專利，以及在哪些國家申請了哪些專利，一聽之下似乎也感受到他們非常理解投資人對專利看重程度。可是隨著看的案子越來越多，真正希望的是這些公司除了擁有多少專利，以及在哪些地方有了專利之外，更能夠解答我心中一個最大的疑惑，那就是：

「專利，你到底要拿來幹什麼？」

每當我把這樣的問題拋出去之後，得到的回答不外就是：

「建立競爭障礙呀！」

「提升獲利能力啊！」

「避免別人抄襲呀！」

如果再繼續追問：「然後呢？」通常然後就沒有然後了！但我想問的是：

「到底建立什麼樣的競爭障礙？」

「怎麼樣用專利提升獲利能力？」

「如果別人抄襲專利可以阻擋他們嗎？」

有好多創業家，一開始創業的時候，就是因為手中擁有覺得傲人的技術，然後請所有投資人投資他們的第一件事情，就是要拿投資人的錢去各國申請專利。後續偶爾繼續跟進這些公司進度和狀況，發現有很多公司要麼就是花了很多錢申請專利，結果搞到沒錢做生意就把公司給關了；要麼就是沒錢申請專利，就一直要等到投資人的錢才要把生意接著幹下去。

這個時候已經搞不清楚到底專利是拿來當作「武器」，還是拿來當成「放棄的工具」？

專利，在財務會計的定義上面就是一種無形資產，而所有的資產都是要幫公司創造效益的，如果沒有辦法創造效益的專利，對公司而言這個專利就是一個負債——只會讓你花錢，卻沒有辦法利用它賺錢。

　　所以，如果專利只會花錢，而不賺錢，那麼還不如不要申請專利。

　　接下來就用創造效益和價值的角度，介紹三種形式的專利價值，每當打算要申請專利的時候，就透過這三種形式來思考一下專利到底賺不賺錢，再決定要不要花這麼多錢在這部分。這三種專利的形式分別是：
1. 授權獲利　2. 生意前提　3. 品牌形象

思考讓公司賺錢的三種專利形式

1. 授權獲利

　　第一種叫做授權賺錢的專利，其實比較白話一點來說，就是把專利本身當作是一種商品，只要別人用了你的專利，在使用者付費的情況之下，就必須付你錢。所以越多人使用、使用次數越多，你就可以靠專利賺更多的錢。像台灣很多主要生產記憶體 DRAM 的製造商，生產過程當中，會使用到日本公司的技術專利，所以產品只要生產出來，都需要支付權利金給這些日本公司，因此日本公司不用做任何事情，只要靠著這個專利和收取權利金，就可以獲取很多的利潤。

　　類似這樣子的專利，可以說就是無形資產的最高境界了，

因為除了在先前研發投入的成本之外，一旦到了授權階段，只要別人使用就要付錢，但是在使用的過程中，專利的發明人卻不需要再額外投入任何的成本，簡單來說這完全是一種現在最流行的「被動收入」。

如果專利設定是這種「商品授權」的性質，或者是很有可能變成類似授權獲利的性質，那麼這種專利申請的投資肯定就是非常的值得，因為專利就是商品，專利本身就是生財工具。

其實這就和我們常常聽到的一些品牌授權，或者是 IP 授權是一樣的意思，IP（Intellectual Property）就是智慧財產權，而專利也是一種智慧財產權。如果專利可以像迪士尼卡通人物一樣，或者是 Hello Kitty、漫威英雄，不需要透過任何生產製造，只要把這個無形資產讓別人使用，也就是「授權」，就可以直接收錢獲利，那就不要猶豫，認真的把專利申請下來。

2. 生意前提

第二種必須具有專利情況，就是專利是讓你可以和別人合作做生意的前提。

譬如我們創投曾經投資過一家做手機 IC 晶片的公司，他們研發了非常多的技術，不僅可以提升晶片效率，在生產製造成本上也有一定的優勢。後來中國的手機廠商看上了他們的技術，決定要一起合作生意，但是在簽約的時候，特別要求他們一定要附上合作技術的專利證明。

那為什麼中國手機廠商會要求他們一定要附上技術的專利證明呢？

最主要的關鍵就是害怕這個技術已經讓其他的公司申請專利了，如果是這樣的話，未來擁有專利的公司就有可能告這個手機廠商侵權，並且要求支付龐大賠償費用，這麼一來這個損失就太大了。

更可怕的是，如果這個專利擁有人，假設被手機廠的競爭對手買下來，競爭對手甚至可以要求這個手機廠商停止繼續販售這款手機，那麼對於這個手機廠商而言，這樣的風險是承擔不起的。

在商業環境中，很多企業在彼此合作的時候，都會在合約條款裡面特別強調，要求對方的技術除了是自主研發之外，還必須要有專利的證明；而就算有了專利的證明，將來還是發生侵權的情況的話，合作的對方要擔負起所有相關的賠償責任。

因此在這種情況之下，專利的存在，變成是做生意的必要條件，如果沒有專利，你就沒有辦法拿到合約做成這筆生意。所以在商業模式裡面，如果專利扮演的角色是這種必要條件的話，就必須把取得專利當成是一件非常重要的工作。

3. 品牌形象

第三種情況，就比較類似一種品牌形象的宣示，或是一種專業信賴度的感受。就像我們在看電視的時候，很多廣告在呈

現的過程當中都會特別強調，此商品具有某種特殊的專利，甚至還會在廣告當中告訴你專利字號。雖然你並不知道這個專利代表的涵義，甚至是什麼樣子的專利，但只要看到有「專利」這兩個字，你心中可能會產生一種信賴和非常專業的印象，也進而會讓這個商品的品牌形象產生正面的聯想，甚至觸發你購買的慾望。

這種品牌形象，只是假設專利會有某種程度的重要性存在，但是卻無法保證一定能夠讓客戶買單，直接為你創造收入。所以就必須認真考慮，到底要不要花大筆的錢來進行專利的申請，因為在申請專利的過程當中，說不定你的競爭對手都已經把生意做起來了。而如果你是因為把太多時間花在專利的申請上面，而喪失掉了市場上的競爭機會，那就真的是捨本逐末，太不划算了。

在這裡要多加提醒的是，如果在銷售過程裡想特別強調專利來增加信賴感或者是安全感，那麼就必須確認你所要強調的專利，是「客戶在乎」的。這樣才會真正的刺激消費，增加銷售收入。

專利若只是個花瓶沒有任何效果的話，那麼就不要急著浪費金錢、時間成本去進行申請。倒不是說申請專利不重要，而是公司的資源有限，要把錢花在對公司最有利的地方上。

　　就像很多冷氣空調或者是 LED 燈，都會特別強調節能省電的國際專利，這個對於家庭想要節約電費的人來說，可能會是一個吸引的賣點。但是有很多商品都會特別強調特殊「專利設計」，可是到底是什麼專利沒有說，而這個專利帶來的好處也沒有說，這樣的專利就是畫蛇添足，顯得多餘了。

　　所以根據「授權獲利」、「生意前提」，還有「品牌形象」，可以按照順序得出專利對公司價值的重要程度，以及是否可以直接為公司帶來效益。

　　當公司資源非常豐沛的時候，專利能夠申請，就盡量申請，因為不確認專利的使用會不會從一個品牌形象，到最後變成是一個可以收錢賺錢的利器。

　　但如果本身只是一個初創公司，又或者是公司本身的資金有限，沒有辦法大規模承擔專利申請費用的時候，就必須要認真思考專利能夠帶來的價值，再決定專利申請的順序。

　　畢竟，專利是一種無形資產，如果要名符其實的變成一種資產，就要透過本堂課學到的三種方法來確認它的價值，再決定要投入多少的資源，才是對公司最有利的決策方式。

▶ **本課重點**

專利，在財會的定義上是一種無形資產，而且在申請過程當中需要
耗費巨大的金錢和時間長的，在資源有限的情況之下，必須考量三
種專利創造價值的方式，再來調整專利申請的進度：

1. 授權獲利　　2. 生意前提　　3. 品牌形象

課後練習

能否舉出三到五種專利，是圍繞在我們日常生活當中具有價
值的研發成果？另外在你記憶當中，有沒有廣告會特別強調
專利，而讓你有採購的衝動？試著舉例並描述你對廣告的
感受。

第 **21** 課

■ 抄襲擴散

我的研發心血被抄襲怎麼辦？

三個方法，把抄襲危機變轉機

抄襲，既是學習，也潛伏著流行的氣息！

　　許多老闆在創業過程當中幾乎都會碰到「抄襲」事件，不管是競爭對手抄襲自己產品、商標或是設計，甚至是自己員工，加盟商抄襲自己商業模式然後出去自立門戶，和自己打對台。

　　像這種事情幾乎每天都在發生，而這也是公司或是老闆心中最沉重的痛。

　　通常碰到這種事，容易造成情緒上反應，並走向法律途徑。

　　像我好幾個朋友在中國創業，就碰到競爭對手或加盟商，明目張膽地直接抄襲他們的產品以及品牌 Logo，有的會改個包裝、改個名字，有的連甚至名稱都不改，就大咧咧地完全百分之百複製。

　　朋友們真的被氣得七竅生煙，恨不得告上法院，恨不得他們身敗名裂，讓他們再也沒有翻身的機會。

　　結果呢，有些朋友還真的就這麼幹了，花了好多時間和金錢，一天到晚和律師周旋還往法院跑，有的是官司打贏了，但也搞得自己負債累累；有的是官司還沒有打贏，公司就經營不下去就宣告倒閉。

　　但也有些朋友生氣歸生氣，生意照樣做、日子照樣過，反而

把抄襲的事情用一些特別的方法化為轉機，我想這是非常值得借鏡的。歸納起來，這些能夠把抄襲的事件轉危為安的企業，大概可以總結為三個方法：

1. 市調趨勢　　2. 烙印行銷　　3. 記錄留存

用三個方法把抄襲事件化為轉機

1. 市調趨勢

第一個作法就是不把抄襲當抄襲，而當成是公司在市場上「創造價值」的風向。

記得有一個老闆曾經對我說過，抄襲其實不見得是件壞事，因為本質其實就是「學習」而已。從小到大我們讀書，學習別人的智慧，然後跟著模仿跟著做，其本質不就是抄襲嗎？

還記得小時候班上功課最好的那個同學，他的筆記又漂亮又整齊，所有的同學放學過後，都喜歡把他的筆記借過來抄。

後來不管是大學選填志願，又或者是出了社會找工作，常常會看著別人怎麼做，我們就跟著做；或是聽著學長學姐建議怎麼做，我們也跟著模仿。

其實「抄襲」就是模仿，就是一種學習，只是這種模仿和學習，我們擔心會影響自己的「商業利益」，所以會不開心。但是回過頭來想想為什麼別人要抄襲？一定是我們的產品能帶來

價值，就像好學生們的筆記，還有學長學姊的榜樣，所以這些
抄襲的人，一定覺得我們東西好，也能夠帶來好處，所以才要
抄襲。

透過抄襲，其實可以理解到在市場上被別人認可的價值和好
處到底是什麼，如果別人抄襲和模仿地方越多，是不是代表我們
發展和產品設計的方向還真的對了？

如果我們所有產品和設計在市場上完全都沒有人模仿，也
沒有人想要跟進學習，是不是反而代表我們的東西在市場上不
受歡迎？

所以觀察被市場上抄襲或模仿的動向，反而是測試未來要發
展的市場方向和研發的趨勢。

我有一個好朋友老闆專門設計兒童黏土教學，有一次他設計
了好多個不同的卡通禮盒，包含中國本土的、迪士尼、漫威英雄
還有 Hello Kitty。結果推出之後，市面上就有好多抄襲版本，但
他發現模仿最多的，都是集中在漫威英雄系列，所以乾脆乘勝追
擊，集中火力在漫威系列的產品上，又多推出了好多款不同的商
品，反而讓他的銷售額不受抄襲的影響和逆勢上漲。

後來他告訴我一個非常經典的教訓，找別人做市場調查，或
找員工回報客戶滿意度，都有可能是假的，只有市場上抄襲你的
東西那才是真的，因為那代表你的東西，是真的好。

　　至於抄襲會引起憤怒是可以想見的，主要怕的是會影響商業利益。

　　但是，「怕」影響商業利益，和「真的」會影響商業利益是兩件事情，所以在採取任何的法律行動之前，都不要忘記思考一下我們到底要的是什麼，我們商業利益到底怎麼被影響了？千萬不要被情緒牽著鼻子走，無止境的打官司，否則很容易陷入「傷人一萬、自損八千」的窘境。

2. 烙印行銷

　　第二個跟抄襲有關的行動或方法叫做「烙印行銷」。也就是把品牌和所有的產品都留下一些烙印，就算被別人抄襲，等於是幫助我們把品牌形象直接推播了出去。這等於也是幫我們做了一次免費的行銷廣告。

　　像我認識的一位中國 CEO，他的產品裡面就有很多都是透過視頻來教學的，很多人上了他的課之後，都會把他的視頻側錄下來，不管是放到微信、微博、或者是抖音，有人還乾脆就把他的教學視頻當成是做生意的工具，而 CEO 也不以為意。

　　後來我就問他：「這麼多人在網路上抄襲你的上課視頻，不僅僅把它四處流傳，甚至還用你的視頻來招生做廣告，怎麼都沒看到你採取任何的法律行動？」

　　他笑著對我說：「郝哥啊，這些人你抓不完，你抓了一些人

還會有其他的人繼續來抄你的東西，我只要持續不斷地研發往前走，讓他們追不上就行了。」

他繼續說：「其實另外一件更重要的事情，我所有視頻教學不管是在視頻上，或者是老師的穿著、展出的產品、使用的工具，這所有的東西都跟我的公司品牌和形象有關，如果他要把這些品牌形象全部拿掉的話，那他等於就要重新製作；可是這些抄襲的人，本來就沒這麼多錢和這麼多時間，所以就直接把我的視頻拿來傳播，這個情況之下，反而讓更多的人看見我的產品，認識我的品牌，這麼好的一個行銷機會而且不需要花任何一分錢，我求都求不來為什麼還要抓他們呢？」

一個念頭的改變，一個小小的做法，就把一件原來看似不好的抄襲事件，變成一個公司免費的行銷宣傳，這是非常令人值得學習的一個案例。

3. 記錄留存

第三個跟抄襲相關的行動，就是記錄留存了。簡單來說就是還是要收集相關的事證，並寄送通報的存證信函，作為未來如果要走向法律途徑的一個根據。雖然可以把抄襲當成是市場的風向球和免費行銷的一種途徑，但畢竟在商業的環境裡，抄襲不是一件合法的事情，也不可以助長這種歪風。所以收集各種抄襲的證據，作為未來的法律依據，並且通報抄襲商家他已經違反了法

律的行為，這些還是應該要做的，畢竟這是最基本的保護自己智慧財產權的宣示。

　　而且這種宣示效果可以留下紀錄，也可以嚇阻抄襲的商家，最重要的是不會耗費太大的資源和成本。

　　有人會問，為什麼不和抄襲的商家打官司呢？就算告上法庭，也許會有律師費用，一旦對方輸了，就必須要支付賠償金，我們也可以在從中獲利呀！

　　是啊，這個觀念基本上沒什麼大問題。但重點是我們認真思考一下，如果你告贏了是否真的能拿到補償金？

　　一般來說這些抄襲的人可能本身就是因為資金不足，或者說沒有資源才會選擇用這種方式盡快獲得商業上的利益。如果真的打贏了官司，這些人可能根本都沒有償付賠償金的能力，在這個情況之下，就算你真正贏了，在商業立場上面的考量，除了取得正義和嚇阻作用之外，並沒有實質上的好處。

　　況且這種抄襲案例多如牛毛，如果送到法院裡面去通常都是曠日廢時，如果這時候你還請律師來處理的話，相信你最大的收穫就是定期收到律師寄的帳單，這不是標準的「賠了夫人又折兵」嗎？

　　這也就是為什麼除了收集事證、發存證信函之外，不需要一開始就花太多的時間在打官司這條路上。

也許有人會說，如果競爭者越做越大，真的傷害到商業利益，那該怎麼辦？這就是前面曾經說過的，如果有一天真的到了要打官司的時候，你曾經收集到的相關證據，以及留存所有存證信函，就會成為你最有利的武器。換個角度，你的競爭對手已有足夠的實力可以支付賠償金，這個時候如果打官司勝訴才有實質的效益。當然通常到最後也不一定是殺得你死我活，最有利的結果是希望對方能夠承認我們的價值，並支付權利金，那就是一個皆大歡喜的情況。

無論如何，不論在人生的道路上或是商業的競爭環境裡，「抄襲」是一定都會遇上的事情。當我們擔心商業利益可能會被抄襲所侵蝕，而深感憤怒情緒大受影響的時候，或許可以換個思維，把它當作是一種市場看待哪裡是最有價值的方向，也可以作為產品或服務發展的參考。

此外，透過抄襲有可能把我們的品牌擴散出去，所以不管是任何商品，或者是輔銷品，在一開始設計的時候，不妨就做好被抄襲的打算，讓抄襲這件事情發生的時候，也順便幫品牌知名度進行促銷和廣告。

當然抄襲總是不對的，所以面對抄襲的廠商還是必須留下紀錄並且寄出存證信函，等到有充分的資源，而且確認打官司會有足夠的回報和效益的時候，再進行法律的行動。

▶本課重點

被別人抄襲雖然不是好事，但也並非全無可取之處，透過三種方法妥善處理抄襲，反而有機會為公司化危機為轉機創造更大價值：

1. 市調趨勢　　2. 烙印行銷　　3. 記錄留存

課後練習

回顧一下自己個人或者是自己的公司，有沒有被人抄襲？在當時是怎麼要處理這樣子的事件，而處理的邏輯又是什麼？如果未來碰到同樣的情況你又會打算怎麼做呢？

第 **22** 課

■ 時間管理

研發變數太多，時間難掌控？

三個觀念，提升研發效率強化銷售

研發，就是必須和時間賽跑！

說到研發，很多人可能會覺得變數太多，如果要求研發人員在一定時間內能夠做出一些成果，實在不是件容易的事情，也因此要把專案管理和時間管理觀念放在研發這個領域，實在是強人所難。

但事實真的是這樣子嗎？

認真想想看，如果在第二次世界大戰的時候，首先發明原子彈的國家是德國納粹，而不是美國的話，那麼日本就不會是第一個遭受原子彈重創而宣告投降的國家，而整個世界的歷史也將會被改寫。

又如果登月計畫，是被當時的蘇俄先馳得點，那在我們的記憶當中，就不會有一個美國太空人阿姆斯壯在月球上面告訴我們：「我的一小步，是人類的一大步。」而讓我們知道，第一個登上月球的是美國人。

所以，研發不是一門藝術或是一個因為變數太多，所以就不在乎時間管理的工作，反而因為研發就是體現企業或組織競爭力的重要一環，所以對於時間的掌握才更加的重要。

因此，研發就是必須和時間賽跑。

研發就是必須要有非常嚴謹的專案管理和時間管理，才能真正為企業創造價值提升競爭力。

當然，在農業時代和工業時代的時候，原本生活的步調和商業競爭的環境比較沒有這麼快，因此研發被要求的速度和效率也就不會如此緊湊。但是到了網路時代，三日一小變，五日一大變，對於研發而言，市場的掌控就更加的重要，尤其研發是需要資源的，如果在時間掌控上拖延太久，不僅公司要投入的成本更多，甚至如果讓競爭對手的研發成果先出來，並在市場上搶得先機，那就很有可能讓所有的研發投資都在一瞬間化為烏有。

接下來就提供三個重要的觀念做法，讓大家透過這種方式管理研發，能夠迅速提升研發產出、滿足市場需求，並進而在企業收入上能夠有大幅的成長。這三個觀念分別是：

1. 最小可用　　2. 立即反饋　　3. 迅速修正

讓研發更具效率的三個觀念與做法

1. 最小可用

研發成果不一定要到完美境界才推到市場上，或推給客戶使用。只要能夠達到「最小可用」狀態，就應該立刻推出市場並讓客戶使用。

　　其實這就是常聽到「敏捷式專案管理」所強調「快速迭代」的觀念。就像我們現在非常熟悉的社群軟體，不管是 LINE、微信或類似其他相關的 App，在一開始的時候可能只提供聊天的功能，但光這一項「最小可用」功能，因為「免費」就打趴了所有的電信業者，後來這些軟體持續不斷地優化迭代，到現在不僅是社群、企業網站、線上銷售、知識經濟，以及支付平台等等都在上面持續不斷地壯大。

　　而這些社群軟體的每一次更新，都是新的「可用」狀態，絕對不是一個半成品，讓你可看不可以用。因此永遠要記得研發最重要的關鍵，就是要滿足用戶的需求，所以「可用」才能讓用戶體驗，才能測試是否滿足用戶需求。

　　其實這種「最小可用」的概念，和我們日常工作的道理也是一樣的。

　　打個比方，如果你的老闆要你寫篇報告，希望你在一個禮拜之後交，如果你在這一個禮拜之內完全不和老闆溝通，一直到最後一天該交卷了才把報告交給老闆，相信我，你做出來的東西十之八九不是老闆要的。

　　通常這個原因是由三種差異造成的。

　　第一個「解讀的差異」，也就是老闆告訴你要做的報告，和你聽到過後所解讀到的內容，一定會存在著差異，不然也就不會有所謂「以訛傳訛」這個成語了。一件事情傳遞來傳遞去，很容

易就和原來的事實越離越遠。

　　第二個「產出的差異」，就是即使你解讀內容是正確的，但是當你用文字、圖形或表格變成報告呈現的時候，可能又會有很大的差異了。不然我們怎麼會說，「說者無心，聽者有意」呢？就是因為每個人對於語言文字甚至各種媒體的傳遞，表達能力都不盡相同，因此也可能讓閱聽的人有不一樣的看法。

　　第三個「時間的差異」，當老闆第一天告訴你要寫這篇報告的時候，到了第七天已經過了很長時間，這段時間他可能有不同的想法不同的資訊，如果你還用原來的想法和資訊的話，那肯定到最後就一定不是他所想要的報告結果。

　　既然有了這三種差異的認知，當老闆告訴我們七天之後要交一份報告的時候，在第一時間，就應該把老闆要求的報告內容大綱簡單「複誦一遍」， 然後回到座位上之後，再用郵件或者是LINE 的方式，和老闆確認一次報告的主要大綱和內容，這個就是最標準的「最小可用」狀態。

2. 立即反饋

　　當完成了最小可用狀態產品之後，下一個重要步驟就是獲得用戶「立即反饋」。

　　我們一而再再而三的強調，商業研發主要目的是為了要滿足「客戶需求」， 強化市場的競爭力，最終的目的是要能夠提升

銷售業績的。

　　如果能夠越快做出產品的雛形，也就是上面說的最小可用狀態，那麼就可以盡快讓用戶去試著用看看，並且得到他們的反饋，知道產品是不是真的滿足他們的需求。

　　就像我開甜點店的朋友，他幾乎每個禮拜都會讓他的客戶們來店裡面進行試吃，不管是新產品還是舊產品，他會針對各種不同的食材、烹飪方式，或者是花樣設計進行各種不同的調整。然後邀請這些客戶朋友們一邊品嚐一邊分享他們感受，讓朋友能夠在最短時間之內得到客戶最真實反饋。

　　其實不僅是服務業或者是這些輕資產的行業，才可以透過這種最小可用的狀態，請客戶提供立即的回饋。就算是台積電或是類似的半導體製造公司，當他們在進行新技術的研發，一定也都需要特殊機器設備的配合，而這些機器設備動輒上千萬甚至破億，也是會提供產品雛形，也就是最小可用狀態，來和這些半導體製造公司共同實驗，讓彼此都能夠得到立即反饋，看看這樣的機器設備是不是符合未來生產製造的需求。

　　再回到剛才老闆交代報告的例子，其實也是一樣的，當我們把老闆交代的事項盡快覆誦一遍，或盡快再把內容大綱重新寫一遍給老闆看，最重要的目的也就是希望得到老闆的「立即反饋」，才知道我們所做的，是不是老闆所想要的。

3. 迅速修正

第三個重要的觀念做法就是「迅速修正」了。

假設研發出來的產品雛形，也就是最小可用狀態，得到用戶立即反饋結果，是非常的滿意，那當然是天縱英明，難能可貴；但如果用戶有非常多的意見，甚至是有非常不滿意的地方，也要覺得非常的開心。

為什麼呢？因為這些不滿的意見都是在產品還沒有上市的時候就被發掘出來 ，甚至是我們誠心誠意請用戶進行反饋，就算有瑕疵他們也會把我們當自己人一樣提供寶貴意見，而不會影響我們的品牌形象。

試著想想看，如果我們自以為是的就把產品直接推到市場上面，而這些不滿一樣發生的話，到那個時候不僅會遭受重大損失，而且品牌形象會在客戶心目中大打折扣，這才是我們最不願意見到的情況。

就像甜點店的老闆，每次他產品正式推出的時候，幾乎都沒有地雷，也就是沒有銷售不佳，或是口碑很差的產品；幾乎每一個糕點，都是色香味俱全，甚至是網紅網美打卡分享的必要推薦。就是因為他在每次的「最小可用」和「即時反饋」之後，都「迅速修正」滿足用戶的需求。

再回到前面老闆交代報告的那個案例，雖然老闆是七天之後才要你這份報告，但在這七天之內只要你一有了不同階段的成果，就報告給老闆，而且過程當中老闆如果有了新的資訊就即刻反饋給你，如此你就可以持續不斷地修正，持續不斷優化你的報告滿足老闆的需求，那麼到了第七天的時候，你想想看老闆怎麼可能不滿意你提供的這份報告呢？

其實研發和一般的工作本質上沒有太大的差別，雖然大家都有一個遠大的目標，但是所有大的目標都是由每一個小小的目標累積而成的，所以每一個小小的目標就是「最小可用」；而一旦有了最小可用的小小成果，最重要的目的就是要得到用戶的「即時反饋」，唯有得到用戶的反饋，才能得到市場真正的需求，不至於自以為是的埋頭苦幹；然後，得到反饋之後要能夠「迅速修正」，因為唯有持續不斷地修正，超越客戶的期待，才是我們最後能夠在市場上勝出的主要目的。

▶本課重點

時間就是金錢；研發的「快速」對用戶反應，比想像中的「完美」來的重要。利用三個做法和觀念能夠及時滿足客戶需求，搶得市場機先：

1. 最小可用　　2. 立即反饋　　3. 迅速修正

課後練習

在你所曾經待過的公司中，有關研發的流程是不是和今天的
三個觀念做法相吻合？如果不是的話，他們是怎麼樣的研發
流程，透過本堂的學習，你覺得是否有修正改善的空間？

第 **23** 課

■ 技術陷阱

技術領先才是商業制勝之道？

兩個思維，導向讓技術被客戶買單

技術，要建構在客戶需求基礎之上！

　　我經常會碰到一些技術背景很強的公司老闆或者是高階主管，他們花了非常多的時間和精力在追求技術領先，並希望藉著這些技術領先能夠持續維持市場的競爭優勢。

　　但是他們也常常抱怨，為什麼開發出來這麼優秀技術的產品，客戶用戶卻不見得都會買單，到底是技術出了什麼問題，還是客戶的喜好變了？

　　我先分享自己親身的案例，站在一個消費者的立場去看待技術領先，對我在購買產品時會有什麼樣的影響。或者是說「技術領先」這件事情，是不是一定會讓人更有購買意願？或是願意付出更高的價格？

　　多年前我想添購液晶電視，一到賣場首先看到的是三星的平板電視，價錢大概是 5 萬元，結果同樣大小的尺寸，我看到旁邊一台夏普的平板電視竟然要賣到 12 萬元。在好奇心的驅使之下，我詢問了售貨員，為什麼夏普的電視比三星貴這麼多？他告訴我因為夏普的顯示器規格比較高，所以色彩解析度比較漂亮，夏普可以說是顯示器的「技術領先」者，所以它的價錢會高出許多。

　　但接下來售貨員卻耐人尋味地說：「不過人的眼睛能夠分辨的解析度也有限啦，所以兩台電視看起來也差不太多，再加上三

星電視的厚度只有夏普的一半，看起來很輕巧，價格又便宜，所以你不妨可以考慮三星看看。」

在聽完這樣的介紹後，我毫不猶豫地就把三星電視帶回家。

在這一次的消費交易，技術領先的夏普沒有取得勝利，反而是三星在產品的價格和外型上獲得青睞，讓我掏錢買回家。

技術領先不一定是壞事，但是技術領先常常要耗費非常多的成本和時間，如果不能換來消費者滿意和採購行為的話，那就不能轉化成有效收入，對於公司而言是得不償失的，所以當企業在追尋技術領先的時候，也要非常關注兩個思維導向，才能夠讓技術領先真正成為銷售的利器。這兩個思維導向分別是：

1. 需求導向　　2. 慾望導向

追尋技術領先需要關注的兩個思維

1. 需求導向

第一個關鍵的思維就是需求導向。

也就是說產品的設計或者是技術的開發，就要朝著滿足客戶的需求來著眼。因為你滿足客戶需求了，客戶才會買單。

通常這種找出用戶需求的方式有兩種：

A. 問卷調查　　B. 行為數據

A. 問卷調查

第一種方式就是問卷調查，這是最直接也最傳統收集客戶需求的方式。就像三星針對平板電視的設計，後來我深入去了解三星的策略，當他們發現夏普在顯示器上面的技術領先非常多，如果要在這部分和夏普競爭的話就要投入非常多的成本，而且也不見得在短期間技術就會有所成效。所以他們透過了問卷去訪談很多的用戶，發現其實在解析度上面，用戶的滿意度已經是非常高了，反而是在「價格更便宜」，還有是否能讓電視「更加輕薄」的喜好，有著更強的期待。所以三星就避開顯示器的競爭，而在外型和價格上面努力滿足消費者的需求，沒想到獲得了非常大的銷售回報。

但是這種問卷調查也不見得每次都是非常準確的，就像有一家專門做小型音箱的公司，請了一群用戶來做市場調查，利用的方式是焦點團體訪談（Focus Group），最主要的目的是要看看新設計出來的兩種不同顏色音箱，一個黑色、一個黃色，大家喜歡哪一個。

結果當天這個焦點團體調查出來的結果是大家都覺得「黃色」是首選。

而這家公司為了感謝所有用戶的參與，在即將要離開的時候，宣布可以讓每個人帶走一台音箱，至於黑色還是黃色，由大家自由選擇，沒想到最後大家帶走的竟然全部都是「黑色」。

所以問卷調查固然有其價值，但是也不能百分之百當作是唯一參考的標準，畢竟唯有當客戶「體驗」過之後，或者實際反映出來的「行為」才是真正最後的結果，這就是為什麼在前一堂課曾經提到，要盡快得到客戶的即時反饋，就是這個道理。

B. 行為數據

既然問卷有不足存在，所以第二個找出用戶需求的關鍵就是透過「行為數據」。

就像我另一位在中國專門做消費性電子產品的朋友，他最厲害的地方就是可以用先進的技術，做出比別人價格低三到四成的好商品。

他一開始創業的時候，就在網路上面鎖定一些高價電子品，譬如說 2,000 元人民幣的商品，然後他透過技術研發，做出類似同樣品質的商品，但是可以把價錢殺到 1,200 元人民幣，原以為這個情況可以讓他大賺一筆，沒想到放在網路上卻門可羅雀，沒什麼生意上門。

後來他想閒著也是閒著，就去網路的大數據後台分析所有電子消費者的行為模式，看看什麼樣的商品是客戶喜歡的。

沒想到在分析的過程當中，他發現最大的採購量竟然是人民幣 200 元以下的消費商品，後來再和一些資深的網路電商討論，才曉得原來 200 元人民幣幾乎是消費者心中的一個坎。如果超過這個價格，在下單之前就會比較謹慎，而且退貨的機率比較高；

但是如果在 200 元這個價錢之下，就比較容易衝動型購買，甚至就算買回來不滿意，也懶得退貨。因為覺得這麼便宜的東西，花時間去退貨也覺得划不來。

就是因為這麼樣一個行為數據，讓我這位朋友專門緊盯著在網路上 300 元到 500 元的商品，然後透過技術研發把它降到 200 元以下，終於為他的事業闖出一片天。

所以問卷調查一般都發生在「事前」，但是行為數據是發生在「事後」；事前的調查固然重要，但是因為消費者並沒有真正的體驗，不知道結果是如何，所以在這個時候的反應和回答，說實話是比較有風險的。

就像在 1985 年可口可樂推出新口味所造成的反應一樣，在事前他們做了大量的調查，甚至也讓一些用戶去體驗了新口味的可口可樂，結果大部分被測試的客戶都覺得新口味是有機會被大家所接受的，但最後推出的結果卻是一場大災難，幾乎全美的消費者有 80% 以上都反對這種全然的換新。因為在理智層面雖然新的口味站得住腳，但是在情感層面可口可樂的老味道，是伴隨著所有人成長的記憶，而這個在事前的市場調查裡面，是沒有辦法被體現的。

2. 慾望導向

第二個在技術創新的過程當中，必須被特別重視的就是慾望導向。

　　如果說「需求導向」是看得到的東西，那麼慾望導向，就是比較需要去用力尋找的。在這邊要介紹一個非常有用的工具，也就是「5 Why」五個為什麼。這其實是用在尋找問題的根本答案一種有效工具，但是後來被運用在尋找用戶的跟本慾望方面也非常的有幫助。

　　我最常喜歡舉的例子就是「打孔機」的案例。

　　因為當買打孔機這個商品的時候，我們的需求並不是真正打孔機這個物品，而是需要有東西打一個「孔」；但是如果有別的方式可以滿足這個需求，那麼我是不是就不需要「買」打孔機，而可以透過「租」打孔機，或者雇用打孔人員，來完成一個「孔」的目的呢？

　　如果只在打孔機的技術領先上面一直著墨，很有可能就被其他可以滿足需求的商品或服務給取代了。

　　同樣的，如果這樣的需求可以一直往上延伸的話，說不定他真實的需求並不是那個洞，而是有其他更深層次的需求，就把它稱之為「慾望」。而所有能夠滿足這個慾望的產品和服務，其實都是潛在的競爭者。

　　而這個慾望的尋找，就可以透過五個為什麼（5Why）來試著發掘，就以上面這個打孔機例子來看：

　　假設順著買打孔機這件事情，連續問五個為什麼，看看能找到什麼樣結果？

1. 為什麼需要買打孔機？因為牆上要打洞。

2. 為什麼牆上要打洞？因為要掛相片。

3. 為什麼要掛相片？因為可以隨時看到全家福。

4. 為什麼要看到全家福？因為很開心。

5. 為什麼要開心？因為腦內會產生「多巴胺」很舒服（多巴胺是一種腦內激素，會讓人產生愉悅舒暢的感覺）。

根據這五個為什麼所得到的邏輯，說不定最後我們只要給這個消費者吃一顆多巴胺，就什麼事情都搞定了，他也不需要掛相片，也不需要在牆上打個洞，更不需要買什麼打孔機。

當然這只是舉個例子說明，真正外在需求的體現，有可能是還有更深一層次的慾望在主導著的。

所以不管是技術研發也好，又或者是產品開發也罷，除了關注在用戶的需求上面以外，如何探尋需求更深層次的慾望，也許更是加強競爭力的根源。

曾經看過一個報導，把需求做了這樣子的一個定義：

需求 = 慾望 + 明天的科技

最經典的案例曾經提到：作為人的底層慾望而言，我們可能都是希望移動的速度能夠越快越好，那麼在汽車這個科技發明出來之前，這個需求可能就是更快的馬車；但是當飛行的科技被研

發出來之後，飛機就可以滿足比我們坐車更快的這個需求。

　　但是誰又能夠想像，像哆啦 A 夢的任意門，這種「瞬間移動」未來不會取代飛機或類似的高速交通工具呢？

　　有兩句話說得好：需求是滿足慾望的體現、產品是滿足需求的載體。

　　「打穿需求、直達慾望」我想這才是技術領先最終要追尋的目的。

▶本課重點

技術領先不一定能夠帶來市場競爭的優勢，並創造更多的收入；而必須要建立在兩種思維導向上面，才能真正站在「用戶」的角度上面，創造商業價值：

1. 需求導向：問卷調查、行為數據
2. 慾望導向：五個為什麼（5Why）

課後練習

試著去找一個你周遭的商品，然後用五個為什麼（5Why）的方法，去尋找最深層可能的慾望，然後透過這個慾望試著想想看，有沒有其他的方法能夠滿足這個慾望？

■ 魚與熊掌
研發不需理會其他部門意見？

兩種部門整合，創造最大研發效益

研發，是公司團隊的一部分，要一起追求公司利潤最大化！

很多老闆在和我聊到公司研發部門的時候，都是充滿著非常矛盾的心情。因為一方面研發是代表公司未來，再加上研發人員很多都是在學歷或者專業有過人一等的地方，所以就公司或老闆的立場而言一定要對他們非常尊重。

當然這種尊重換來的是研發人員知道如何站在公司立場，為公司創造價值也就罷了。如果研發人員太看重自己技術，或者是專業能力，以致於沒有辦法和其他部門好好溝通、好好相處，就會造成公司過多的衝突，也會讓老闆非常的為難。

畢竟研發部門也是公司的一個功能組織，更是團隊的一部分；而什麼叫團隊（Team）呢？團隊就是擁有著共同目標（Common Goal）的一群人。所以就算是研發團隊很重要，研發人員很優秀，也必須要配合公司其他相關部門，為著公司共同目標、共同利益而打拼。

就像管理大師麥可‧波特在「價值鏈管理」所提到的，研發最重要的目標，和其他所有部門一樣，都是要為了企業追求「極大化利潤」，這樣的財務思維是所有公司內部的成員都應

該信奉的。

　　而價值鏈管理裡面特別提到的，就研發部門而言，至少要和兩個部門單位積極的整合，共同尋求最大的利潤，一個是「行銷業務」單位，另外一個則是「生產製造」單位。

　　接下來分享研發部門，要怎麼和這兩個部門進行整合來達成利潤最大化的一致目標。

研發部門
如何與兩大部門整合，創造最大效益

1. 行銷業務整合

　　研發單位首先要最緊密合作的部門就是行銷業務部門，畢竟所有研發出來的產品和服務都是為了要能夠賣得出去，才有機會為公司創造利潤。所以研發部門就應該和掌握客戶和市場的行銷業務部門一起合作；而主要關注的部分可以分成兩個關鍵，一個是需求，一個是價格。

A. 需求：研發要跟著需求屬性變動而變動

　　首先就是要滿足消費者的「需求」屬性。

　　其實不管是任何產品，一定都會滿足客戶非常多的需求，而這麼多的需求在產品展現出來的，也就是會有非常多的「屬性」。

　　打個比方，假設我們要買手機，一開始只要滿足能通話就好了，後來一直演進到智慧型手機，又要輕薄短小、又要畫質清晰、又要照相功能強大、又要聲音品質領先，這種種的「屬性」在研發的領域裡面都可能可以追求無止境的進步，但最重要的關鍵是，這麼多屬性是不是一定都是消費者關注的呢？

　　或是說能不能找到一個最關鍵的需求屬性，就能夠讓消費者買單呢？這也是行銷業務單位最需要提供給研發人員努力開發的方向。

　　就像前面曾經提到過有關三星和夏普在液晶電視的競爭，就夏普而言，一直是液晶顯示器的技術領先者，而在過去成功的經驗裡面「優質的畫面」可能一直是消費者最關注的屬性，所以夏普也就把這樣子的屬性一直當成研發努力的方向。

　　但是消費者需求屬性是會隨著時間而變動的。

　　就像液晶電視「優質的畫面」到達一定程度之後，一般消費者的眼睛對於畫面的追求已經到了極限，就算做得再精細也分辨不出來，那麼這個時候花再多成本在這方面的研發，也沒有辦法刺激消費者的購買意願。

　　所以這時候行銷業務單位，就必須重新定位消費者的關注需求屬性，讓研發單位能夠在研發方向上跟著調整。

　　就像三星液晶電視設計關注在「又薄又輕」，後來獲得消費

者青睞，就是因為能夠調整客戶需求方向，讓研發朝這個方向努力，結果在市場上終於攻城掠地。

B. 價格：研發要讓產品價格符合市場定位

第二個研發部門要和行銷業務單位配合的，就是要了解產品未來在市場上的價格定位。

記得多年前曾經遇過一家手機殼的銷售廠商，老闆是研發背景出身的一個創業家，由於他個人對技術非常的專業，本身又有非常深的「信念」，認為手機殼應該可以滿足更多功能，所以他花了非常多時間打造。手機殼設計感非常前衛，全部是高級金屬工藝，甚至還可以放置悠遊卡和備用電池，但是整個製造成本就高達 2,000 元，再加上要配合給通路的分潤，結果最後這個個手機殼的終端售價將近要台幣 4,000 元。當時市場上就算是知名品牌的手機殼定價也不過才 1,000 多元，可以想見最後這個創業家是以非常落寞的失敗收場。

所以要非常切記，產品的價格不是跟著研發心血或投入來定價的，在這個部分一定要尊重行銷業務團隊的產品市場定位。

2. 生產製造整合

第二個研發要非常緊密配合的部門就是生產製造單位。如果是服務業的話，可以把這個生產製造單位想像成日常運營單位。

因為所有的產品服務研發，到最後一定都要落實到日常的生產和運營裡面，所以研發是前哨站，理論上把東西研發出來了，交給後面的人去生產製造就沒事了，可是如果研發人員真的這麼想的話，那可能就會是一場大災難。簡單的說，研發在打磨產品的時候，追求的可能是完美的呈現，但是移轉到生產運營的時候，真正關注的是怎麼樣把完美的呈現，能夠轉化成效率和效能，這樣才能夠朝向利潤極大化的目標前進。

從研發移轉到生產製造的過程當中，有三件事情是必須要非常關注的，分別是：

A. 物料取得　　B. 成本良率　　C. 流程時間

A. 物料取得

首先要考慮的是原物料的取得。

因為在研發階段，可能會試驗各種不同的原物料組合，一直到最後得到一個最滿意產品。

但是如果這個產品某些原料是非常不容易取得，或者是常常容易有斷貨風險，甚至掌握在一些特殊的供應商手中，容易被哄抬價格造成成本上漲的話，就必須特別小心是否應該調整這方面的原物料。

就像我開糕點店的好友，他研發出來一種鳳梨糕點非常的好吃，重要的關鍵是一開始他就用新鮮的鳳梨親自熬煮，所以能夠

呈現非常原汁原味的鳳梨果香和口感。

但是等他真正研發完成準備要開始生產接單的時候，發現因為季節性關係，他所使用鳳梨材料沒有辦法維持全年供貨量的一致。在一開始客人還很少的時候不會有太大的問題，但是他估計一年以後如果採購量漸漸大了，這樣用新鮮鳳梨熬煮的方式，不僅產能沒有辦法擴大，可能連供應量也都會有問題。

後來他嘗試研發非常多的方法，最後終於找到了一個鳳梨果乾的供應商，他們可以用風乾的方式不僅保持鳳梨的原汁原味，還可以讓它的保存期限維持非常長的時間，這麼一來就可以讓全年的供貨量都保持穩定，也就解決了原物料有可能不足的問題。

所以在研發階段如果就能考量原物料未來的供應，那麼在真正到了生產製造環節，就比較不用擔心因為量產而造成原物料供應不上的問題。也才不會在看到大訂單的時候，有那種看得到吃不到的挫敗感。

B. 成本良率

第二個就是要特別考量到成本良率。

所謂良率就是你投入多少產品的原物料，到最後能夠真正產出好產品的比率。

譬如台積電晶圓代工的一片晶圓主要的產出就是上面的 IC 晶片，如果在一開始 IC 設計的時候每一片晶圓是規畫產出 1,000

個 IC 晶片，但是經過整個製造過程完畢之後，其中有 900 個是好的，另外 100 個是壞的，那麼這個良率就是 90%。

所以在研發階段的時候，可以容忍良率不是很高，因為這都還是在試驗階段，但是如果到了生產製造階段，良率還很低的話，那麼就代表浪費的成本非常的高，這種損失也就會大大降低公司獲利的空間了。

所以在研發階段就要考量未來移轉給生產製造部門的時候，要怎麼在大量製造情況之下還能夠保持很高的良率，就是一個非常重要的目標。

C. 流程時間

最後一個研發要和生產製造單位密切配合的，就是生產製造的流程時間。

所謂「時間就是金錢」。

如果同樣一個產品，生產製造的時間越長，就代表花的時間成本越高，在同樣時間可以產出的數量就相對比較低，能夠讓產品快速上市的優勢也就比較少。如此一來在成本比人家高，而客戶滿意度又低的情況之下價格也一定不會好，那麼對於利潤的追求就肯定是一種傷害。

就像前面曾經說到的那個手機殼廠商，別人類似的金屬手

機殼，同樣一個代工廠平均一個月可以生產 10,000 個以上，而製作他的手機殼因為金屬工藝的複雜，所以時間花得非常多，到最後一個月竟然只能生產將近 1,000 個，可想而知成本有多麼的高，更重要的是當客人下單的時候，還要讓客人等非常長的時間才能夠拿到貨，這樣的生產流程怎麼可能會有好的結果？

這就可以說明為什麼研發必須要特別注重整個生產流程的時間。

總之，永遠不要忘記不論是研發部門或是公司任何一個部門，都是團隊中的一部分，唯有彼此合作、互相整合，一起追尋最大利潤的這個目標，才是真正的王道。

▶本課重點

研發是組織中團隊的一部分，必須和其他部門合作整合並共同求取公司利潤的最大化；其中關鍵合作的兩個部門以及關注重點分別是：

1. 行銷業務：A. 需求　B. 價格
2. 生產製造：A. 物料取得　B. 成本良率　C. 流程時間

課後練習

試著看看公司研發部門最容易和哪些單位有意見不同的地方，而這些不同的意見可能發生在那些方面？透過這一堂的學習，你覺得應該透過什麼樣的方式能夠化解這樣的問題。

第**25**課

■ 預算迷思

預算是大公司才需要做的事？

三種預算，幫助公司走得穩、走得遠

預算，為的是管理風險提升價值！

不管做什麼事情一開始都會從計畫開始，而「預算」就是財務的計畫。

一般公司在每年年底都會進行下年度的預算，其實也就是開始看看明年計畫要做哪些事情？需要多少資源？預計可以賺多少錢，需要花多少錢？

另外新創公司或是營運中的公司，需要去募資的時候也需要做所謂 BP（Business Plan），就是營運計畫書，而在這計畫書裡面當然也要放預算，要不然投資人就沒有辦法知道你要怎麼花錢、怎麼賺錢，甚至應該投資你多少錢。

很多人會說做預算都是大公司才需要做的事情，因為做預算實在是太複雜了，所以小公司就不需要做，只要拼命賺錢就行了，但是事實上真是這樣子嗎？

一般大公司資源比較多，做預算很重要關鍵當然是做資源配置，但是回過頭來想，資源比較多的大公司都需要做預算了，那如果資源比較少的時候，是不是更應該精打細算呢？

記得我在中國任職金融機構事業的時候，最主要的目標客群都是一些中小企業，常常就有人問我說中小企業生意應該不好做

吧，因為風險實在太高了。 這時候我就會告訴他，事實上不是中小企業的風險很高，而是「抗風險」的能力比較低。所謂風險指的就是借錢不還錢，也就是違約，並不是中小企業借錢不還錢的機率比較高，而是當碰到天災人禍或者是景氣不好的時候，因為資源相對不足，所以更容易陷入困境以致於還不出錢來，這就是「抗風險」能力比較低。

所以在這種情況之下，中小企業更要非常謹慎看待自己花的每一分錢，以及賺進來的每一分錢。在事先就做好規畫，也就是做好預算，這樣子在風險來的時候才會比別人多一分的準備多一分的保障。

接下來提供預算的三個目的和搭配的三種做法，不管是大公司還是小公司，只要持續做好預算計畫，並確實執行即時修正，就可以讓企業或組織走得更久走得更穩。這三種預算分別是：

1. 專案預算：賺不賺錢
2. 年度預算：夠不夠錢
3. 長期預算：值不值錢

三種讓企業穩健的預算規畫

1. 專案預算：賺不賺錢

第一種預算是「專案預算」，所謂專案就是從頭到尾把事

情做完，這就叫專案。所以專案預算，就是看我們做這件事情
到底要花多少錢，能夠收多少錢，最後淨利賺多少錢，這就是專案
預算。

因此所有公司在設立的時候，一定都是從專案預算開始做
起，因為任何公司不管是提供服務也好，或是販賣產品也好，都
要看看販賣服務和產品這件事情，到底要花多少錢，到底能收回
多少錢，最重要的目的是要看看做這件事情到底會不會賺錢。

如果東算西算之後發覺做這個生意，根本都不會賺錢，你還
會認真去做嗎？所以專案預算最重要的目的就是要看看「賺不
賺錢」。

可能很多人會問，怎麼會有人做生意不賺錢還會繼續往下做
的呢？

這就是做預算，尤其是專案預算這件事情更重要的地方，還
真的有很多人做生意就是「覺得」會賺錢，因為「覺得」這兩個
字就往前衝了，完全忽略了預算的存在。這種情況又分成兩種：

A. 知道花多少錢，不知道收多少錢

像我碰過很多藝術家，或者是做技術背景出身的創業者，
他們一心一意想要把事情做好，所以在資源的投入上面有自己的
目標和理想，因為如果要把心目中的產品和服務，甚至是藝術作
品做到位的話，就「一定要花這麼多錢」；但有關收入的部分，

不是他的專長，也不是他所能控制的，所以要麼就是沒有收入預算，要麼就是隨便抓一個數字。那麼到最後如果會賺錢，就真的是老天保佑了。

B. 知道收多少錢，不知道花多少錢

另外一種就是剛好相反的狀況，就是知道可以賺到多少收入，但卻忽略了成本的計算。

譬如很多開餐飲店的朋友，每次信心滿滿地想要開餐飲店，就是覺得他的產品和定價應該可以有足夠的獲利，甚至把每一天有多少客人會來光顧，翻桌率有多少都計算的清清楚楚；但在實際經營的時候才發現，光裝潢家具，就吃掉一大塊的成本，接下來租金、員工、水電、以及浪費掉的食材，這林林總總的成本都是始料未及的，最後收的錢雖也不少，但是花的錢卻更多。

所以不管是上面兩種情況的哪一種，都是要提醒我們，做生意千萬不能靠「覺得」會賺錢，就很無知樂觀的去執行了，如此風險會很大。試著認真從頭到尾把這件事情當成是專案預算，好好精打細算一下，確認賺錢機會非常大，而且自己也有承擔風險能力，這時候再去做也會比較有方向、有底氣。

2. 年度預算：夠不夠錢

第二種預算是「年度預算」。

雖然叫年度預算，但本質上其實就是一種「期間」預算。因

為所有的公司和組織，一般而言都是每一年要結算一次，所以才會把這種期間預算，稱為年度預算。

　　剛才也說過，公司是由各種不同的專案所累積而成的，不同的產品、不同的服務就構成了不同的專案，就算是相同的產品、相同的服務，針對不同的客人或是針對不同的目標市場，甚至是不同的區域，這也都是不同的專案。

　　所以就公司而言，在每一年度裡面，匯集這些所有的專案預算，就變成了年度預算。

　　既然專案預算是確認「賺不賺錢」，所以能夠被匯總到年度預算的專案，理論上都是公司認為賺錢或者是應該要做的專案。

　　那在這個情況之下，年度預算彙整的目的又是什麼呢？

　　其實很重要關鍵，就是要看待「現金流」，用大白話說就是「夠不夠錢」。

　　譬如我要開一家餐廳，在一開始的花費就需要將近 100 萬，未來每個月的固定支出是 30 萬，預計收入是 50 萬，所以每個月獲利是 20 萬，大概五個月的時間就可以把花費 100 萬賺回來；而當你把它拉成一年的時間之後，一年可以賺 240 萬（每個月淨利 20 萬，一年 12 個月即為 240 萬），扣掉開辦費 100 萬之後，還能淨賺 140 萬。換句話說，這個生意理論上是個可以做的生意，透過專案預算計算之後，是值得投入的。

　　但你發現手邊只有 80 萬現金，在花費上面就有 20 萬現金缺

口，這個時候你就必須把這個現金給補上，那麼你這一年度的計畫才有辦法順利地執行。

案例：是否開設餐廳的評估	
評估項目	費用
開辦費	100 萬
開辦費回收期	5 個月
年淨利	140 萬
結論：可展開此專案	
手邊現金	80 萬
開辦費短缺	20 萬
解決方案	銀行借貸 20 萬

　　所以年度計畫，很重要的關鍵就是要看看現金有沒有不足的地方，當現金不夠，不可能到了那個時候再想辦法，一定要事前就要開始進行籌措資金的動作，要不然就算是要向銀行借錢或者是家人借錢，甚至是希望別人能夠投資你，都要有一定的準備時間，別人也不是準備好錢等你隨時來借、隨時來拿的。

　　年度計畫就等於是能夠預先看到現金的需求，預先安排資金的籌措，才不會臨時碰到「資金缺口」卻沒錢可用，以至於讓計畫沒有辦法順利地推動。

這也就是為什麼說年度計畫最重要的目的，就是要看看「夠不夠錢」。

3. 長期預算：值不值錢

第三種預算就是「長期預算」，也就是如果做生意持續個三、五年甚至是十年，到底會變成什麼「樣子」？這個「樣子」更精準來說，就是到底未來會不會變成一個「有錢人的樣子」？

所有的公司或者企業一定都希望自己的事業能夠永續經營，而且持續不斷地賺錢，就算起起伏伏，也能夠慢慢累積自己的資產，越過越好。

所以長期預算，就是試著把自己未來要經營的計畫拉長，不管是三、五年或者十年，看看應該做什麼樣的調整，做什麼樣的修正，才可以讓自己持續不斷地賺錢，持續不斷地累積利潤、累積資產。因此就長期預算的目的而言，就是要看看自己的公司未來到底「值不值錢」。

假設維持現在的生意模式，而市場一直萎縮、產品服務價格一直下降，那麼呈現出來未來三到五年的長期預算，就不會是一個持續累積資產和財富的狀況；這時候公司就必須思考如何轉型，並反映在長期預算上面，讓公司看起來會是一個能夠持續累積「淨資產」的「樣子」。

尤其要向銀行借錢或者希望股東能繼續加碼投資的時候，長

期預算就扮演了一個非常重要的角色。因為唯有當未來公司的前景看起來越來越好的情況之下，在未來有能力還錢或是分紅，銀行和股東才會覺得有利可圖，也才願意把口袋裡的錢掏出來。這就是長期預算之所以定位在「值不值錢」的關鍵因素。

《孫子兵法》說得好，「多算勝，少算不勝，而況無算乎？」也就是說多一點計畫比較容易勝出，少一點計畫失敗的機率就比較高，那麼如果一點計畫都沒有就更難和成功沾上邊了。

不管是「專案預算」的「賺不賺錢」，「年度預算」的「夠不夠錢」，以及「長期預算」的「值不值錢」，可以說是公司短、中、長期的指導方針，只要把這三種預算持續不斷的規畫、認真的執行以及虛心的修正，相信就可以讓組織走得久走的穩。

► 本課重點

預算本質就是財務計畫，目的是要幫公司管理風險、提升價值，而透過三種預算方式，可以實現短、中、長期三類不同的目標：

1. 專案預算：賺不賺錢
2. 年度預算：夠不夠錢
3. 長期預算：值不值錢

課後練習

試著以自己公司為例，看看要決定經營一個新的產品或服務的時候，是如何進行決策的？而且過程當中有沒有相對應的「預算」來協助我們進行決策？這個預算又扮演著什麼樣的角色？

_____

_____

_____

_____

_____

_____

_____

_____

_____

_____

_____

_____

第 **26** 課

- 預算關鍵

做預算到底要做什麼？
怎麼做？

三個方法，讓預算言之有物

預算，一切都要從合理的「假設」開始！

　　既然知道預算對於公司的重要性非常關鍵，而且三種不同預算分別對應著公司三種不同目標，對於管理上面而言也非常具有指標性的意義。

　　那麼預算到底如何編制，以及要從什麼地方開始呢？

　　預算，所有的開始都是集中在兩個字上面，那就是「假設」，如果說得更專業一點，那就是對於未來你所根據的「假設前提」到底是什麼。

　　在創投任職的這些年，遇過了非常多創業家或者是公司經營的高階主管，有很多的機會聆聽各種不同企業的營運計畫書，也就是 BP（Business Plan）。在說到有關於未來財務計畫，也就是預算的部分，常常就是一張損益表的預測，然後重點就直接放在未來的收入會怎麼樣子的成長；以及最後的淨利，會怎麼樣由虧轉盈。結論就是前景一片看好，是個非常值得投資的事業。

　　但是當我繼續問，這個收入的「假設」是怎麼樣做到的？這個未來計畫「假設」的依據是哪裡來的？這些定價、成本費用的「假設」有什麼參考的標準嗎？

　　這個時候他可能會說是根據過去的「經驗」得到這些數字，或者是根據一些市場的標準得到這些數字，又或者是透過自己內部的研究而得到這些數字，更有很多的情況就是顧左右而言他，就把話題給帶開了。

　　不管說是經驗或者市場，又或者是研究，其實都對。最主要的關鍵是這些假設要「有憑有據，其來有自」，更要有「數據」支持，這麼一來才會讓你的所有預算站在令人信服的根基上面，所得出來的未來預測相對的可信度也比較高。

　　否則得出來的所有財務數字，沒有一個合乎依據的假設，那麼等到未來執行過程當中，也就不知道要和什麼參考標準進行比較，如此一來，在日常管理的運營當中，連要怎麼修正都會碰上困難。

　　譬如你每個月預計要做到收入 100 萬，今年全年的收入就是 1200 萬，但是每個月怎麼做到 100 萬的，你不知道，只是「認為」這個市場很好、產品很優秀，所以很「樂觀」，很有「信心」，一定會每個月有 100 萬的收入。

　　結果呢，第一個月收入就只有 30 萬，這時候不管是你自己或是投資人，一定會問同樣的問題，也就是「為什麼」？

　　為什麼原來是計畫做到 100 萬，但最後只有 30 萬？前面靠的全都是信心，信心是沒有數據的，信心只有感覺，所以這個時

候發覺信心沒有辦法達到目標，信心潰散了，你也沒有辦法知道到底為什麼收入沒有辦法達到。

因此做預算最重要的，不是靠信心，而是要從「假設」開始，不管是所有的收入和費用，整個的歸納和匯集都要有合理的假設，和有憑有據的由來；接下來就介紹三種最常建立假設的方法和根據，來協助大家在一開始做預算的時候就可以建立好的根基。這三種建立假設的方法分別是：

1. 行業標準　2. 公司經驗　3. 實地研究

編制預算合理且精準的三種假設方法和根據

1. 行業標準

第一個建立假設的方式就是透過「行業標準」，也就是行業是怎麼做的。這個行業已經行之有年，而且所有數據、所有經驗都可以很容易地被找到，也就是已經自成一個標準了，那麼在這種情況之下，你所有的預算根據行業標準的假設，就比較容易讓人接受。

打個比方，你想要成立一家咖啡店，而目前喝咖啡已經是大家日常生活的一部分，不管是精品咖啡也好、手沖咖啡也好，甚至是早餐店的咖啡、大賣場的咖啡以及便利超商的咖啡，都有一

定的價格標準。如果今天定位是平價咖啡，那麼 40 至 60 元就會是很合理的價錢；如果訂價到 100 元到 150 元之間，就是星巴克等級的標準；如果一杯超過 200 元以上，那可能就是專業人士品嚐的咖啡了，所以在不同定價之下，一定要符合所呈現出來的商業模式，這樣才能讓你的「假設」和行業標準互相匹配。

又譬如我曾經碰到一個專門做電商的企業，他在說明怎麼得到收入未來的預測時，「認為」每 100 個訪客上平台網站時，只要瀏覽過他電商商品的客戶，有一半的人都會下單購買，換句話說，用常聽到的專業術語，也就是「流量轉化率」高達 50%。但是我們一般對電商業的認知，在同樣的網站上面，流量轉化率最高也不過是 3% 到 5%。在這種情況之下，他的假設就脫離行業標準太過遙遠，除非有特殊的原因，或其他能夠令人眼睛為之一亮的理由，要不然接下來他所要報告的所有預算計畫或者是公司發展，就都不能令人信服了。

2. 公司經驗

除了行業的標準之外，另外一個很重要的假設就是自己的「公司經驗」。

現在網路時代崛起，很多的新興行業在各個不同地方如雨後春筍般一個一個冒出來，當我們要估算這種新行業預算的時候，很多是還沒有真正建立任何行業標準的，也就是說沒有一個大家

心目中認定的共同經驗可以當作假設依據。這個時候如果公司已經有了經營一段時間的數據，那麼這個數據就是公司最好的經驗假設，也非常值得當作是未來預算的基礎。

　　在這不舉公司的例子，而是舉個新興行業「業務員」的例子，而且就發生在我們生活周遭，相信大家會更有感受。

　　這個新興行業就是我們現在在路上會常常看到的食物外送服務，譬如 Uber Eats 或 Food Panda。

　　我有個姪子大學剛畢業，在會計師事務所上班，平常雖然已經夠忙了，但假日想要多賺點外快、多存點錢，這個年輕有為的好青年，就加入 Uber Eats 行列。由於他工作的地方在台北，家住在桃園，所以有的時候不回家的假日就在台北跑，一旦回家了就回桃園去跑 Uber Eats。

　　後來他和我聊天的時候就說到，在台北真的比較好接單，平均一天可以接到十單以上，加上獎勵，一天就可以賺到 2,000 元；但在桃園的時候，常常一天五單都接不到，所以收入也就少的可憐，只有幾百元。

　　看到了嗎？這就是實際上業務人員的「經驗」，將所有業務人員的經驗彙整在一起，就會變成了「公司經驗」。

　　所以當公司下一年度要對收入做預算的預測，可能就會假設「桃園業務人員的業務量平均是台北的一半」，而這個假設就是根據公司經驗而來。這個對於新興行業，或者是市場上還沒有共同經驗的情況來說，就是一種非常好的假設根據。

3. 實地研究

最後一個假設就是「實地研究」。

不管是新的市場、新的商品、新的服務方式，或者是新的商業模式，再加上如果公司是一個初創的企業，那就既沒有行業標準，也沒有過去的公司經驗，這個時候就只能靠自己透過「實地研究」去建立起自己的假設。

其實「實地研究」是一種非常普遍而且行之已久的作法，譬如我們熟悉的市場問卷調查、新產品的試吃、百貨公司或大賣場的花車試賣，其實都是一種實地研究。

簡單講就是「透過小範圍的測試驗證，去假設推估未來大市場的反應」。

此概念和統計學是有著類似的意義，因為沒有辦法確定未來大規模的市場對於產品和服務會是什麼樣的反應，所以就採取這個「小樣本」的測試，並根據這個小樣本測試的結果，來「假設」未來整個大市場會有怎麼樣的呈現。

記得曾經讀過一篇「名創優品」MINISO 的相關文章，名創優品本身是屬於販賣日常用品的連鎖商鋪，目前全球約有 3,600 家店鋪，年銷售額約 25 億美金。那篇文章曾經提到，有一次名創優品在兩種不同型態的地點設置店鋪顯得非常的猶豫，因為這牽涉到未來整個展店計畫，還有預算的規畫，可是他們完全沒有

這兩種地點的資料，其中一個是「地鐵站」，另外一個則是「百貨商場」，因為資源有限，所以希望未來的展店能集中在效益比較高的地點。

由於內部討論非常激烈，有人建議地鐵站，有人建議百貨商場，但是都沒有數據來作為支持，所以最後乾脆直接在這兩個地方都設了商鋪，也就是實地研究，用實驗的方式直接看成果。最後沒想到百貨商場的業績大獲全勝，後來雖然他們歸納原因是地鐵站雖然「流量」很多，但都是來來去去不是「存量」，所以買的人少，然而這種「後見之明」已經不重要了，最重要的是經過驗證的東西，讓事實勝於雄辯。這也就是實地研究最有價值的地方。

總之，既然是要做「預算」，當然一定要盡量算得越準越好，所有的數字數據都要「有所本」，也就是所有的「假設」都必須要有憑有據。不管這些假設來自於「行業標準」、「公司經驗」，或是「實地研究」，只要是「假設」足夠合理和精準，那麼預算的結果就更能有參考的價值。

所以假設是預算的重中之重，假設也是所有預算的開始，而這好的開始，就會奠定預算編制成功的基礎，並足以作為未來公司發展的指導方針。

▶本課重點

預算，既然是公司重要的資源管理依據，和未來執行的指導方針，
就必須要有合理且精準的「假設」作為所有編制預算的基礎。而具
有價值且令人信服的假設來源主要有三：
1. 行業標準　2. 公司經驗　3. 實地研究

課後練習

回顧一下自己公司或是曾經任職的單位，一般在編制預算的
時候是怎麼樣來設定這些預算假設？在這些設定假設的過程
當中，能不能舉出一兩個例子給予修正的建議，讓未來能夠
更加的合理和精準。

■ 財務預警

財務只是管錢的？

兩個差異分析，讓財務人員協助老闆運籌帷幄

財務管理，就是要知其然，知其所以然！

假設問你對於財會人員印象為何，而他主要工作又是什麼，你會怎麼回答呢？

說實話，很多人員對於財務會計人員大多有著先入為主的刻板印象。在國外財務人員常被稱之為「Bean counter」，也就是「數豆子的人」，這是什麼意思？意思就是一個公司的財務人員老是把時間浪費在雞毛蒜皮的小事上，尤其是為了一點點錢算計個沒完，就跟沒事數豆子是一樣的。所以才叫做「數豆子的人 Bean counter」。

捫心自問一下，在你心目中的財會人員是不是也是每天忙著收這個錢、付那個錢，然後叫你要補什麼單據、拿什麼發票，好像一天到晚都是讓你覺得他在忙這些非常令人煩躁的雜事？

我不能說財會人員沒有做這些雜事，或者說不該做這些雜事，反而我想告訴大家的是，就是因為財務會計人員每天都做著這些「收這個、付那個」的瑣碎雜事，所以他們才有機會成為最了解公司營運狀況的靈魂人物。

而這一堂所要特別介紹的，不只要告訴所有職場上的工作人

員，或企業白領，甚至是公司老闆，更重要的是要提醒每個公司的財務人員，如果公司財務人員每天都做著前面所說的雜事，但卻把那些雜事真當成雜事來看待的話，那就真的太可惜了。

事實上這些雜事，攸關著財務人員進行財務管理最重要的兩個價值分析。就是透過這些雜事，並進一步做好這兩個價值分析，那麼財務人員才算真正扮演好關鍵幕僚的角色，甚至成為老闆的司馬懿和諸葛亮，能夠協助老闆和公司主管運籌帷幄，並做好管理決策的工作。這兩個價值分析分別是：

1. 財務差異分析　2. 營運差異分析

讓決策能運籌帷幄的兩個價值分析

1. 財務差異分析

第一個最重要的價值分析就是「財務差異分析」，這邊所說的差異分析，就是針對前堂所說的「預算」，和「實際」發生時候之間的差異，要來分析造成的原因到底是什麼。

因為擔任創投工作的關係，常常有機會參加所投資公司的經營管理會議，甚至是在很多媒合會的場合，又或者是籌資討論會裡面，會看到這些公司們進行原來計畫和實際達成成果之間的比較分析。

　　通常這種財務數字的報告，有很大機會都是由財務人員或者財務主管來進行簡報，而當他們每次報告這些差異的時候，最令人無法理解的，就是很多人只是把差異數字和差異百分比照本宣科的告訴大家。例如：「銷貨收入原來預算 10 萬，實際收入是 8 萬，達成率 80%」，如果只是這樣子照念一次的話，那我自己看不就好了，還需要財會人員幹什麼？甚至是我隨便找一個人來，都可以做和你一模一樣的事情，立刻上手不需要任何專業，這種情況之下做財務出身的人，不就真的變成「數豆子的人」，而被別人看輕了嗎？

　　想想看前一堂說的，所有預算都應該要有合理的假設，透過這些合理的假設所組成的財務預算，一定都會有一個合乎邏輯的故事，會告訴我們為什麼預算會呈現這樣子的結果。簡單來說就是為什麼要花這麼多的錢？到最後為什麼能夠收到這麼多的錢？以及最後能夠有這樣子的淨利。

　　而這所有的數字，都是由財會人員彙整的，所以預算的來龍去脈，財會人員也就應該會最清楚，換句話說，財會人員是最能夠掌控預算大局的人。

　　接下來就要說到財務每天收錢付錢的這些雜事了，請認真想想看，假設把每天的雜事都彙整起來，那代表的是什麼意思？
　　那就代表著公司內部所有相關的交易活動，都被財務人員瞭

若指掌。不管是供應商的支付、所有客人的銷貨收入、人員的薪資金、日常租金水電的各項費用，甚至是和政府往來的補助稅捐等等，沒有一個能夠逃得過財務人員的火眼金睛。

　　所以看起來財務人員是在管著芝麻綠豆大的小事，但是如果財務人員花點心思努力整理，把自己的格局放大一點，就會發現被賦予著非常大的權力，也就是知道公司裡所有金錢的來龍去脈。

　　現在再來回顧前面說的這兩段，有關財務人員的莫大權利。在預算方面他有著所有當初編製預算的相關邏輯，和合理的假設，所以對於所有預算的細項和組成，是非常清楚的。

　　等到了實際日常運營的時候，就像前面說的，所有收支的交易都在財務人員的眼皮子底下一清二楚，只要用心彙整，就可以知道所有的錢從哪裡來、到哪裡去。

　　那麼基於這兩個財務擁有的大權，當他只報告財務狀況裡面有關預算和實際發生的差異，卻沒有報告和分析整個差異的原因，是不是就太說不過去了。

　　最終數字差異結果只是「現象」，真正價值是要知道造成差異的「原因」。

　　譬如去年做了一個預算，預計 2020 年的第一季收入要做到台幣 500 萬，結果實際上只做到了台幣 400 萬。如果財務人員只

是報告我們少賺了 100 萬，預算達成率是 80%，實際上是一點意義都沒有的。

因為這樣的報告，只是突顯了沒有達到預算目標的「現象」，但是到底是什麼「原因」造成的，卻完全沒有感覺。

如果能夠把預算當初的數字，和實際的數字做進一步比較細緻的分析，像是把收入按照「產品別」進行分類，就會發現原來收入是有三種產品組成，在這三種產品當中，事實上有兩種產品都達到預算目標，只有一種產品原來預算是 200 萬，結果只達標了 50%，銷售了 100 萬。

在這種情況之下，就能夠把問題又往前推了一步，至少知道是其中的一個商品銷售業績不好，而不是公司整體的問題，甚至不知道問題發生在什麼地方。

財務差異分析表

單位：萬	預算	實際	差異
A 產品	200	100	（100）
B 產品	150	150	0
C 產品	150	150	0
合計	500	400	

2. 營運差異分析

完成第一個最重要的財務差異分析之後，第二個關鍵的價值分析就是「營運差異分析」。

財務差異的顯現，主要是在「金額」上面的差異，譬如上面的例子原來的收入目標是 200 萬，結果到最後實際達成只有 100 萬的收入，這個就是財務差異分析，可以進行第一階段針對數字金額來去判斷到底問題發生在什麼地方。

但是不要忘記，所有的財務數字都是「交易」累積造成的結果，所有的交易活動幾乎都掌握在財務會計的系統資料裡面，所以透過財務數字的分析，就有機會掌握非財務活動，而且和交易相關的營運差異分析。

就拿上面的例子來說，如果當初預算的 200 萬收入，原來計畫是賣給 20 個客戶 A 產品設備，每個設備是 10 萬，所以預計是 200 萬的銷貨收入。

然後透過交易清單以及當初預算的假設，可以知道原來當初是計畫要在兩個區域銷售共 20 個設備，其中一個區域要賣 5 台的達成了目標，但是另外一個區域原來計畫要賣 15 台的，卻只賣出了 5 台，業績目標只達成了 3 分之一。

這麼一來我們就更加了解除了財務數字以外，造成財務數字差異的營運活動，以及營運活動差異的原因。

營運差異分析表

台數	預算	實際
西海岸區域	**15**	**5**
東海岸區域	5	5
合計	20	10

當然這只是第一步,從財務差異分析過渡到營運差異分析,逐步找到問題根源的所在。尤其現在很多的財務系統,都和營運的相關系統連結在一起,所以透過財務的差異,理論上可以一直追溯到營運差異的原因。

譬如當初預算目標的 15 台設備,在這樣的銷貨目標假設前提,是需要多少的銷售人員?是預計有多少的目標客戶?那每一個月要拜訪多少客戶?拜訪幾次客戶才會買單,也就是轉化率是多高?

類似這樣子的資訊都會存在「銷售系統」,或者是「客戶關係管理系統」裡面,如果把這個系統和財務系統連結在一起的話,就知道業績達不到的原因,到底是出在銷售人員沒有到位,還是目標客群比預期中的少,甚至是轉化率的假設太過樂觀。

一旦越深入問題發生的原因,就更能知道要怎麼樣尋找解決的方案讓目標得以達成。

說到這裡大家就能理解,為什麼前面說的那些「雜事」是非

常具有價值的原因了。因為所有的雜事匯集起來，就是整個公司
運作的全貌，而財務人員基本上就掌握了所有公司運作全貌的最
大權力和最大的資源。

　　所以財務人員一定要做好兩個非常重要的「價值分析」，也
就是「財務差異分析」和「營運差異分析」，讓大家能夠「知其
然，並知其所以然」，如此才能夠協助公司認清問題、判斷原因、
對症下藥，達成預期的企業目標。

▶ 本課重點

財務會計最重要的工作不只是完成公司的收付等瑣碎雜事，而是透
過這些收付，了解公司交易全貌，找出預算計畫與實際執行的差異
原因，並且給出對策，持續改善，而主要的工具就是透過兩個價值
分析：1. 財務差異分析　　2. 營運差異分析

課後練習

試著用你自己的工作或是公司的目標來練習預算和實際的比較，透過財務差異分析和營運差異分析，看看是否能夠協助你更快的釐清問題，找到根本原因，然後提供解決方案。

第 **28** 課

■ 交易失誤

怎麼樣才不會付錯款？

三要素、兩核對，避免支付漏洞

交易失誤，最怕就是支付了不該支付的！

說實話，身為一個公司財務會計人員，就像前面曾經提過的，每天繁瑣的雜事實在是非常多，所以免不了在工作上會有一些失誤發生。

在中國金融機構任職的時候，就常會去中小企業拜訪這些財會人員，我最喜歡問他們：「你們通常最擔心犯的錯誤是什麼？」幾乎大多數的人給我的答案都相當一致，就是三個字：「付錯帳」。

沒錯，最擔心犯的錯就是應付帳款出錯，更直白的一點說，就是「不該付的錢付出去了」，這裡面通常包含兩種狀況，一種是付的「時間」不對，也就是還沒有到給付的時間，就把它付出去了；另外一種是付的「金額」不對，付得少也就算了，再補上就得了，就怕付得多了，錢只要一旦出了自己的銀行帳戶，再去向別人要回來，總是一件麻煩事。

而且現金是公司的命脈，如果把錢早付出去了，或多付出去了，就代表公司可用現金減少了，這個可是公司老闆大忌諱。這也就是為什麼財會人員最怕的錯誤就是「付錯帳」。

所以這堂要特別分享付款流程的「三二法則」，提供給大家

參考，當在設計付款程序的時候，就要特別考慮這個三二法則，才能避免付錯款的困擾。

什麼是三二法則呢？就是當我們要付款的時候，首先要了解付款的「三要素」，然後根據這三要素來確認「兩核對」。只要這個三要素和兩核對都沒有問題，基本上付款就是安全無誤的。

所謂的三要素就是：合約、驗收、發票。

所謂的兩核對就是：數量對、價格對。

避免付款產生漏洞的三個關鍵要素

1. 合約

第一個要素「合約」，其實就是雙方約定好要買賣交易的協議。

合約是比較正式的說法，事實上不管是合約（Contract）或是訂單（PO： Purchasing Order）代表的都是同樣的意思。

當我們在看待合約或者是訂單的時候，最重要的就是兩個關鍵：一個就是合約的「內容」，另外一個就是雙方的「簽名確認」。

首先來看看合約的「內容」，一般而言合約內容會包含交易的項目、數量、價格、交期，還有付款條件等等，當然有的時候會包含一些品質的規格和驗收的標準。

　　這裡面的所有內容當然都非常重要，但是最重要的還是廠商到時候送過來的貨要符合期望要求，而且財會人員能夠根據這個來當作付款依據的兩個項目，那就是「數量」和「價格」了，所以在這兩個項目上面一定不可以有模擬兩可的情況發生，要不然在後續就會造成付款上的困擾。

　　就像我一個朋友要為他公司購置國外進口的一「組」義大利沙發，所以他用電話和對方賣家下單買了一「組」沙發。在他的認知裡面，在整個和國外廠商溝通的過程當中，這一組沙發就是包含了三人座、兩人座、還有一人座，也就是三個在一塊的「一組」，結果廠商最後送過來的只有「一張」三人座的沙發。
　　原來買方跟賣方的差異來自於：
　　買方要的是，「一」組三張沙發；
　　賣方給的是，「一」張三人沙發。
　　以至於朋友花了 10 萬多元，等了一個多月，沒想到等來的不是一「組」沙發，而是一「張」沙發。雖然數量都是「一」，但是意義不一樣。
　　雖然這是一個烏龍事件，但也特別顯現出在合約議定或者下訂單的時候，一定要把項目的明細數量和價格寫清楚，就不會造成雙方彼此間的認知困擾。

　　第二個在合約和訂單裡面特別需要關注的，就是雙方「簽名確認」。

　　因為在雙方討論採購的過程當中，應該都會來來回回討論，甚至確認後還會修改，當真正開始要決定製造或決定採購的時候，一定必須做最後的確認，因此這個最後的確認靠的就是雙方的簽名或蓋章。

　　常常會有些公司接到了客戶的訂單之後，不是沒有確認客戶是否有簽名，不然就是客戶說他太忙還沒有時間簽名，之後會補簽，然後就開始生產製造或者是準備出貨，這個在後續都有可能會造成極大的困擾。

　　就像我一個朋友是做手機皮套的，他的一個南美洲的客戶要向他訂購一大批皮套，準備進口到美國和南美洲販售，由於雙方在價錢上面討論好多次，而且都是用訂單模式在往返討論，因為對方要求價錢很低，所以從一開始用「真皮」的材質，最後終於接受用「仿真皮」的便宜材質，敲定了訂單。

　　但是由於時間緊迫，客戶叫工廠先開始製作再補簽名回傳。就這樣工廠一不小心就拿到了一開始客戶要求的「真皮」訂單，很認真的開始製作。

　　所以到最後這位客戶，就很開心地用「仿真皮」的價格，買到了一大批的真皮皮套產品。也讓我的這位朋友損失了幾萬塊的美金。

　　這個教訓讓他知道，雙方確認簽名，不僅僅是一個合法的程序，事實上在內部作業裡面，包含「工廠下單」或是「未來付款」都是一個非常重要的依據。

2. 驗收

第二個付款的關鍵要素就是「驗收」。

其實驗收概念很簡單,就是代表你確實收到貨了,而且這個貨不管是數量也好或者是品質也好,都經過你的確認。

所以在這個裡面有兩個非常重要的關鍵字,一個是「數量」,一個是「確認」。

在這邊所說的「數量」,並不是廠商寄給你多少數量,而是真正合乎你期望,還有品質規格認定的數量。

打個比方,當初你採購的數量是 100 個,但是當廠商寄送給你的過程當中裡面不僅有瑕疵品,也有經過運送物流而損壞的商品,所以到最後確認只有 90 個是可以接受的。

那麼在驗收的過程裡,就必須寫下只願意接受 90 個商品,而不是原來訂製的 100 個。

第二個「確認」,就是在上面驗收的過程案例當中,最後這個確認只能夠收 90 個的結果,必須要留下驗收人員的簽名,以及驗收的時間,因為這個才代表是公司或者是買方正式回覆給供應商的結果,就算後來供應商需要進行討論來確認驗收結果的時候,也知道是誰進行檢驗簽字的。

畢竟這個驗收的結果,是牽涉到付款這件大事。

　　其實「驗收」跟「付款」連結在一塊，也和目前日常的個人採購息息相關。

　　譬如現在在網路平台上面採購完東西之後，會有一段期間的「鑑賞期」，這個鑑賞期其實某種程度上就是一種驗收期間的概念。而在這個期間，就算你在平台上已經先付了款項，網路平台並不會直接就把錢付給廠商，要直到你在網路上確認可以付款，網路平台才會將錢付給賣方。如果這段期間你決定不買而退貨的話，網路平台也會直接把款項退回給你。所以這就是為什麼說「驗收」對於付款非常重要的原因。

3. 發票
　　第三個付款的要素就是「發票」。
　　發票代表的最主要意義，就是整個交易完成之後，買賣雙方對於「最終價款同意」的結果。
　　因為無論當初的合約或是訂單買賣雙方有什麼樣的協議，但是在整個交易過程當中會產生非常多的變動，不管是數量也好、價格也好，到最後支付的現金總額，不一定會和當初的合約買賣總額一模一樣，所以付款總金額必須靠發票做最後的確認。

　　如同前面案例買的一組沙發，變成一張沙發，原來的訂單是 10 萬，但如果這個錯誤是供應商造成的，而他願意把價格減少 2 萬，那麼就算原來的合約是 10 萬，他開出來請你付款的發票金

額就是 8 萬，因為這個才是最後你們買賣雙方同意支付的結果。

　　理解完付款的三個關鍵要素，也就是合約、驗收和發票之後；就可以透過「兩核對」，來知道這三要素分別扮演什麼角色，而為什麼透過兩核對可以決定付款的正確與否。

用兩種核對方式確認是否付款正確

第一個核對：合約和驗收的核對

　　主要核對的關鍵是「數量」，這個數量裡面當然包含買方要求的品質和規格，如果是服務，也可以用當初要求的「條件」甚至是「工作小時」當作核對的標準。

　　就像前面的案例說的，如果當初買 100 個，但是最後驗收只有 90 個是合格的，那麼在驗收單上面，就只能接受 90 個商品。

第二個核對：合約、驗收單加上發票的核對

　　這部分最關鍵的核對是「價格」。

　　因為發票是最後付款的確認，所以到底承認多少的數量是應該付款的，那麼就對應驗收單上合格的數量，而單價則要對應合約上的價款，就算價格有變動，也應該會附在合約上面當成依據。

　　就像剛才的案例，收貨確認 90 個，如果價格沒變，而合約上每一個價格是 2 元的話，那麼發票上的數字，就應該是 180 元，

那麼透過合約和驗收單確認無誤，再加上發票的數字也正確，付款就沒有問題。

合約、驗收單、發票的核對表			
	合約	驗收	發票
數量	100	90	90
單價	2		2
總價	200		180

其實說明完付款的三要素和兩核對之後，真正代表的並不僅僅是為什麼付款需要這些條件；而實際上的意義，是理解在這些條件的背後所代表的「商業邏輯」到底是什麼。

而當你了解之後，就比較能夠體諒為什麼財務人員需要這些文件來當作支付的依據；同樣地，身為財務人員的你，也就能夠知道該用什麼樣方式來和公司人員和供應商溝通，才能取得彼此對商業交易和付款效率的共識。

▶ 本課重點

公司付款是件大事，因為讓「現金流出」就必須非常謹慎，所以透過學習付款的三要素、兩核對，更加理解交易付款的商業邏輯，才能避免在付款過程中造成失誤，並提高付款效率：

三要素──合約、驗收、發票

兩核對──數量對、價格對

檢視一下自己公司和客戶或者是供應商的交易，在催收客人的款項，或者是支付供應商的貨款過程當中，有沒有符合「三要素、兩核對」的條件？試著寫下整個流程，以及流程中的單據，看看有沒有需要完善的地方。

■ 簽核權限

誰說符合付款條件就付錢？

三個關鍵，避免支付造成困擾

簽核支付，除了合規還要注意輕重緩急！

很多人理解了付款的三要素和兩核對之後，可能以為只要依循這個原則去進行付款，應該就不會有太大的問題了吧？如果你問我，我會說「原則上」是不會有問題，但是不見得會讓老闆滿意。

尤其這種不滿意情況，最容易發生在中小企業，原因是中小企業「資源有限」。

如果是一家非常大的企業，由於資源非常多，也就是現金水位非常滿，那麼財會人員想要付帳的話，只要合乎付款的條件就直接付出去，一般不會有太大的問題。

但是小企業就不一樣了，如果這筆錢付出去了，可能就沒有錢支付下一筆帳款，而如果下一筆帳款拖欠嚴重性比較高，比如說是銀行貸款，那麼可能就要延後眼前的這一筆應付帳款，而把現金先留給銀行貸款的償還。

這就是在合乎應付帳款的付款條件之外，所必須注意的另外一個關鍵，也就是付款的「現金管理」。

因此在付款條件三要素和兩核對之外，必須額外再建立三個

關鍵工作，才能確保在現金管理配置過程當中，能夠讓付款這個
行為既合乎規矩，又能夠獲得妥善的安排。這三個關鍵工作是：

1. 簽核權限　　2. 金流預測　　3. 債權排序

用三個關鍵避免產生付款困擾

1. 簽核權限

所謂「簽核權限」，就是針對不同金額大小的支付，不同位
置主管有不同的審核權利。目的就是除了合法的支出之外，也要
在「金額大小」上面，設定出讓主管想要看的項目。

在簽核權限設計裡，主要體現有三個重點：

A. 分層負責　　B. 重點管理　　C. 動態調整

A. 分層負責

打個比方，如果你的公司只要是員工購買跟工作相關的物品
在 1,000 元以下，都可以直接採購，然後事後再拿發票跟申請單
來報帳即可，就代表公司給員工的購買權限就是 1,000 元以下。

那麼 1,000 元以上的採購要怎麼辦呢？如果公司規定 1,000
元到 10,000 元以上的採購，或者是現金支出，都需要部門經理
的核准，那麼當你準備要採購一個物品甚至付款之前，都必須要
有你部門主管的核准，才能夠進行這個交易或者支付。也就代表

部門經理審核權限是 10,000 元。

　　超過 10,000 元以上的採購或者是現金支付呢？如果總經理覺得 10,000 元以上的採購或者現金支付，都必須理解前因後果，那麼就可以訂出 10,000 元以上都必須到他這核准，才可以進行採購支出的規矩。

　　很多中小企業的總經理，甚至規定所有支出都必須經過他的核准，這就代表除了總經理以外，沒有人有任何的審核權限，也代表公司控管非常集中，通常在公司資源比較少、比較不足的情況之下，精打細算和控管集中是一個非常常見也必要的手段。

　　但是如果公司的規模比較大一點，或資源比較充沛，分層負責的情況比較多，那麼職位越高他審核權限的金額就比較大，而職位比較低的管理人員，所能得到的審核權限金額就比較小。

B. 重點管理
　　這種情況的分層負責，代表高階主管關注的是「重點管理」。

　　而利用重點管理的審核權限，會大幅簡化高階主管甚至總經理在一些雞毛蒜皮的小型採購上面的時間，提高管理的效率。

　　至於怎麼樣訂立審核權限，就可以利用 80/20 原則，把交易的「金額」和交易的「頻率」做一個排序，你可能就會發現金額

大的交易，頻率不是很高，而金額小的交易，頻率非常的高，那麼你就可以在中間取一個數字，當作是重要的審核權限。

例如我在中國工作的時候，曾經把部門所有的支出做一個排序彙整，結果發現一年總支出差不多將近 200 萬人民幣，而 10 萬人民幣以上的支出只有十多筆交易，但是金額卻將近占了 80% 的 160 萬；然而剩下的 40 萬左右的支出，交易頻率竟然高達數百筆之多，後來我就把自己的審核權限定在 10 萬人民幣以上，至於 10 萬以下的支出就交給其他的部門主管去負責。這就是審核權限「重點管理」一個非常實際的案例。

C. 動態調整

簽核權限是可以被「動態調整」的，就像之前曾經說過的，這個簽核權限主要的目的，是要讓主管看到他想要關注金額大小的支出，當企業的規模越來越大，想要看的金額數字相對地也就可能會比較大，如果公司碰到不景氣的情況，他想要更嚴加控管所有的支出，那麼他就可能把想要審核的金額往下調降。

就像有一段時間半導體產業剛好遇到經濟不景氣，很多公司都在裁員減薪，後來所有的資本支出和採購，本來金額是要到台幣 1,000 萬才需要到總經理審核，後來總經理決定調整，只要是 100 萬以上的採購都要經過他的審批核准，換言之這個舉動就是讓審核變得更嚴謹的動態調整。

2. 金流預測

除了讓主管透過簽核權限，讓他看到相關的採購項目之外；另外讓他知道未來的「金流預測」，也是一件至關重要的事情。

過去我在淡馬錫集團成立的第一家金融機構工作，是總部設在南京全國性擔保公司，因此有機會常常和一些中小企業老闆分享交流和業務上的往來。

有一次一個製造業的老闆，告訴我他的財務人員發生的一個烏龍事件。他說有回他接了個大案子，以為客戶的錢都已經收到了，所以當供應商來要錢的時候，他很乾脆的就把所有的應付款項給付清。沒想到財務人員沒有提醒他整個現金流量的狀況，事實上不僅現金收入還沒有進來，而且就在他支付給供應商之後的第三天，就是公司的發薪日，但公司的現金已經所剩不多了。所以當他把錢付給供應商之後，在發薪日當天，財務人員突然告訴他公司的錢已經不夠了，嚇得他趕快四處借錢。還好他的信用不錯，銀行在之前就給了他一筆過橋應急融資，所以他動用了這個貸款，解決了支付薪資的燃眉之急。

所以在支付款項的時候，最好也能夠提供主管或是總經理一份「金流預測」的報告。簡單地說，就是公司現在的現金有多少，未來一週，或者未來一個月，甚至一季，公司預計還會有多少的現金支出和現金收入，這樣在付款的當下，不管是總經理或是主

管，心中就有個底，到底這筆款項付出去之後，未來公司資金上面會不會碰到任何的困擾，如果有的話，應該如何因應。

3. 債權排序

除了金流預測之外，最後一個需要提供給總經理或主管作為付款參考的，就是「債權排序」了。

簡單地說，就是哪些錢不先趕快付的話，會火燒屁股會死人的，那麼這些錢就應該盡快支付。

就拿前面舉的例子，如果你手邊現金只剩下 100 萬，但下個禮拜就有兩筆也都是 100 萬的款項需要支付，其中一筆是廠商的貨款，另外一筆則是公司所有員工的薪資；那麼這個時候，你只能選擇一個先付，你要選擇哪個？這個時候身為財務人員，或者是財務人員和主管共同討論，就必須將這種支付的情況做一個「債權排序」。

像前面這個案例，如果廠商的欠款不會造成太大的困擾，但是員工的薪資如果晚付會造成嚴重的士氣低落，這個時候你就可能考慮先付給員工。但如果這家廠商態度非常堅定，如果你不準時付款，未來就停止交易或提高售價，那麼或許你就可以和員工商量大家的薪資晚幾天支付。

像類似這種情況就是把債權的重要程度做一個排序，最主

要的目的，是當你手邊的現金沒有辦法完全支付即將到來的債務時，你就必須把所有人的債權做一個排序，看哪些人的錢要先還，而針對比較延遲付款的債權人，就要趕快溝通說明你會延後到什麼時候付款，甚至看看有哪些補救賠償的措施。

　　總之，應付帳款的支付除了前一堂學到的三要素（合約、驗收和發票）以及兩核對（數量對、價格對）來避免支付造成錯誤之外；另外也要建立三個重要的工作，包含「簽核權限」的建立，「金流預測」以及「債權排序」的報告，讓老闆或主管知道現在付這筆錢出去，不會造成其他未來付款的困擾。

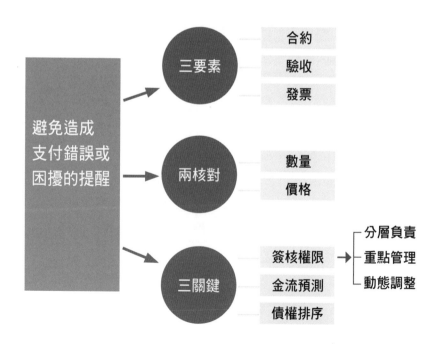

▶本課重點

應付帳款當需要支付的時候，除了關注合約、驗收、發票是否在數量和價格上吻合之外；也要建立起三項工作，以確認每一次付款，都不會造成近期未來付款的困擾：

1. 簽核權限　　2. 金流預測　　3. 債權排序

課後練習

試著列出公司過去一季或者一年的所有支出費用，並利用 80/20 原則，看看金額大小和付款頻率之間的關係；也就是最前面 80% 的總支出金額，筆數和最小金額是多少？而剩下 20% 的總金額支出，交易筆數又是多少？

第 **30** 課

■ 稅賦效應

一樣賺錢，
為什麼別人比我富有？

三個方法，讓我們賺得多留下的也多

稅賦補貼，也有利於為企業創造價值！

　　常聽到一句俗話：「富不過三代」。意思就是爺爺那一輩如果賺了大錢，就算父親這一代還可以維持，但是到孫子的時候可能就沒有辦法擁有一樣光景了。以前每當聽到這句話，心中覺得應該是第三代沒有辦法體會，過去兩代的辛苦，以至於可能把前面積攢下來的財富都給敗光了，也就是所謂敗家子敗光家產。

　　後來發覺事情好像不只是這樣，很多第一代創業家非常努力也非常勤奮，在事業上賺了很多錢，甚至還不斷的成長、不斷的擴張，結果到最後還沒有到第二代就走向了沒落。反觀有些第一代賺得不是很多，等到第二代第三代的時候，低調的慢慢進步，反而累積了傲人的財富。

　　後來經過多年和中小企業老闆的交流溝通，發現有些人明明賺的錢都差不多，但是到最後累積的財富就是不一樣。最後總結出一些心得，歸納成三句話，就是所有的企業，如果要走得比較長走得比較久，除了「賺得到錢」之外，還必須「收得到錢」和「留得住錢」。

　　「賺得到錢」除了能力之外，當然因緣際會和大環境市場也都有關係，而怎麼樣把收入往比較恆常性的主營業務發展，也是一個重要關鍵。

　　至於「收得到錢」，在前面應收帳款的時候也特別提到了很多的概念和收錢的方法，主要觀念是不能只看損益表上感覺有賺錢就心滿意足，要真正從客戶的口袋裡面把現金收到，這才是真正的落袋為安。

　　至於最後「留得住錢」就更加重要了，這裡指的不僅僅是品行不端，把家產給敗光，或把公司給掏空；就算不斷追求公司成長但卻沒有辦法產生效益，以至於不斷地讓現金往外流，這種情況也會讓公司沒有辦法留得住錢。當然所有的事業都需要追求成長和發展，所以這種因為事業上的發展留不住錢，有的時候真的很難以功過論定。

　　但是在這一堂我要特別分享三個留得住錢的方法，如果一般公司能花一點心思在這三個方法上面，就算賺得和同業一般多，你也有機會能夠累積更多財富，讓自己的企業能夠走得更遠走得更久。這三個主要的方法分別是：
1. 政府補助　　2. 稅賦扣抵　　3. 專業協助

幫助企業累積財富的三個方法

1. 政府補助
　　第一個方法是取得「政府補助」。

　　可能有人會說拿政府補助應該是增加收入吧，怎麼算是留得

住錢？這樣想也沒錯，只是一般的收入都是靠公司商品或服務來交換，而政府補助本身是納稅人的錢，也就是我們所有人的錢，在這種情況之下政府願意補助你，就代表某種程度上你對這個社會有所貢獻，希望扶持讓你越做越好，等於是把大眾繳的錢留在你的企業，所以從這種角度來看，政府補助留住的不是我們企業的錢，而是大眾納稅人的錢。

一般這種補助，可以分為兩種，一種是無條件的補助，一種是有條件的補助。

A. 無條件補助

第一種所謂無條件的補助，有點類似競賽或獎金性質的補助。當你拿到政府的這個補助款之後，你沒有任何的責任義務再繼續做些什麼，就可以很自由的使用這筆資金，這就是無條件的補助。

過去我曾在政府網站上面看到一個類似行銷方案的補助，當然參加補助的中小企業有一些資格限定，但是只要你提出來的行銷方案能夠獲得政府評委的青睞，就可以拿到30萬的補助款，協助你繼續推動行銷方案，唯一的條件是，你的案子和你行銷的方法觀念，必須分享給其他的中小企業參考。所以其實嚴格說起來，這也是一種價值交換，只要你願意把你的想法公開，也不怕別人的競爭，你就可以參加這樣子的補助方案。

後來我就協助我們所投資的一家公司，藉這個機會去思考未來行銷策略和計畫，然後很認真整理之後去參加了書面審核和簡報評比，沒想到最後真正拿到了這個獎勵補助，也算是一個非常具有意義的經驗。

B. 有條件補助

另外一種就是有條件的補助，當然這樣的補助也是要有資格審定和評選的。而所謂有條件的補助，也就是政府可能會答應給你一筆資金，但是這筆資金會隨著你的公司計畫執行，而分階段支付。

一開始你會提報一個未來事業執行計畫，而這裡面當然就要有符合政府補助的一些要件。其實站在政府的立場來看，一定是希望扶植一些特別想要推動的產業，或是鼓勵優質中小企業，帶動產業價值鏈，以及增加就業機會等等，所以像這些營運的方向和可以量化的指標，就是政府評量到底適不適合這筆補助，以及持續觀察你的重點。

既然這個計畫是要持續不斷執行的，而在執行過程當中才分階段地提供補助款，所以這個補助款是「有條件」的被執行。而在你經營公司的過程當中，這些政府單位可能每隔一段時間，不管是一季或者半年，就會來進行視察或者檢核，確定你的經營方向有沒有按照當初的計畫來進行。

　　說完這兩種補助之後，大家可以發現，無條件的補助比較簡單清晰，對於公司而言其實就跟獎金一樣，所以就我的建議，如果不會耽誤公司太多的時間，能夠爭取就盡量爭取。

　　但是針對有條件的補助，所有的補助款是跟著企業計畫走的，但是不要忘記，所有的企業都應該是要有著「經營彈性」，尤其是中小企業本身資源就不多，所以碰到任何有利於公司的事情，本就應該順著大環境隨時調整自己的戰略方向，而不應該對自己的產品服務或者是商業策略有太多的執念。

　　這種有條件的補助，站在政府立場，當然希望你能夠跟著計畫走，可是有時候你的計畫變動雖然是對公司有利，但是政府人員不一定能夠完全理解，這時候就會造成雙方之間溝通的困擾。其實認真說起來，這就跟合夥的關係是一樣的，如果本身合夥人沒有參與相關的經營，他就很難理解到底經營人碰上了什麼困難，為什麼會做這樣的決策。

　　更不要說在政府來視察的時候，往往會需要公司準備大量的文件資料，這種情況之下也會耗費公司非常多的精力和時間成本。就小公司的立場而言，本就應該花最多的時間精力在「賺錢」這件事情上面，但如果這種文件資料準備的頻率太高耗費時間太多，相對就不划算。所以像這種有條件補助，我會建議小企業們要想清楚後面的機會成本，再認真思考要不要去申請是比較恰當。

2. 稅賦扣抵

第二個留得住錢的方法就是「稅賦扣抵」。

我們都知道所有的企業看的都是利潤，誰賺得利潤多就代表自己累積的財富速度快，但是千萬不要忘記，當你賺得多的時候，你有可能繳的稅也相對會非常多，所以怎麼樣能夠讓稅繳得少，把利潤盡量留在公司，這是每個企業都不可以忽視的課題。

在此提供兩個方法給大家參考，一個就是虧損扣抵，另外則是租稅優惠。

A. 虧損扣抵

第一個虧損扣抵的觀念其實很簡單，就是在剛開始創業的前幾年是虧損的，你不只不需要繳交所得稅，甚至可以把虧損的部分，留到賺錢的時候去扣抵你後來應該要繳交的所得稅。

其實就是類似一種「抵銷」的概念。

在此還要特別提醒中小企業主，很多人在創業一開始都沒有把自己的帳務整理得很清楚，甚至沒有認真的去報稅，所以這種情況你的「虧損紀錄」就沒有辦法被留下來，政府就沒有辦法承認。

等你開始賺錢了，慢慢制度上軌道了，這時候你報稅紀錄都是獲利的，但是沒有過去虧損資料，就沒有辦法進行這種抵銷的扣抵，這樣就感覺有點虧了。

所以在一開始創業的時候，建議要建立完整帳務制度，其實就算請外面的會計師事務所或記帳士幫忙建立也是非常實惠的；而當未來真正賺錢，或必須繳稅的時候，這些虧損的扣抵就可以幫你節省非常可觀的稅款。

B. 租稅優惠

另外一個方法就是租稅優惠，也就是政府針對一些特別的產業，會提供租稅上面一些減免。

就像台積電或者是力晶半導體，都是在新竹工業園區裡面經營的大型企業，就都適用於國家頒布的「促進產業升級條例」，所以這些公司在稅務上面都有非常多的優惠，也就是說，兩家企業賺的錢有很大一部分都可以留在公司內部，而不需要繳和外面企業一樣的稅款。

除了大企業之外，很多的中小企業，類似文創或者是農業生技，在研發或者其他相關的投資上面，政府也會給予租稅的優惠。

像這一部分對企業而言就是能爭取就盡量爭取，因為一旦爭取下來就算你和別人賺的一樣多，你可以留在公司的錢就會比別人來得多，當然公司累積財富的速度就會相對更快。

3. 專業協助

最後一個是專業協助了，其實這一個方法是上面兩個方法的補充。

不管是政府補助，或者是稅賦扣抵，對於中小企業而言都不是他們的專長，也不是他們的習慣領域。所以要麼就是不知道從什麼地方開始，要麼就是不知道該怎麼落實，甚至這些補助和優惠資訊的取得都不是很清楚。

所以這個時候不妨借助會計師、記帳師、稅務諮詢人員，或去各個地方政府中小企業處的服務窗口，來理解怎麼取得這些補助和優惠。

像我有個中小企業朋友，他是專門做批發貿易的，因為經營得非常好，相對地每年繳的稅也非常的可觀，後來因為找上了會計師幫他進行稅務規畫，才花了 2、30 萬的諮詢費，卻省下了好幾百萬的稅款，實在是非常的物超所值。所以適時地透過專業的協助，有時候能夠發揮事半功倍的效果。

總之，所有的企業賺錢實屬不易，除了能夠賺得到錢之外，如果真正能夠留得住錢，才是讓財富累積的關鍵。而透過這三個方法，不管是「政府補助」、「租稅優惠」或者是「專業協助」，相信只要能夠運用得宜，就會讓企業賺得多、留得多，也能夠讓公司走得更久走的更穩。

▶本課重點

企業除了賺得到錢之外，能夠留得住錢才是關鍵，而留得住錢，除了節省開支不亂花錢，可以關注三個方法讓自己更能夠累積財富，讓企業活得久活得好：

1. 政府補助　　2. 稅賦扣抵　　3. 專業協助

課後練習

試著用本堂學到的三種方法幫自己的公司規畫看看，有沒有機會為公司取得更多的補助甚至是節省更多的稅負優惠？
另外列舉一下你所知道的專業協助管道和窗口有哪些，又能分別如何幫助你取得政府補助和稅負優惠？

國家圖書館出版品預行編目資料

好懂秒懂的商業獲利思維課：30堂翻轉財務思考框
架，開店、創業、經營、工作績效有感提升 / 郝旭烈
著 . -- 初版 . -- 臺北市：三采文化，2021.04
　面；　公分 . --（Trend：67）

ISBN 978-957-658-504-3（平裝）
1. 決策管理 2. 商業分析
494.1　　　　　　　　　　　　110002548

Trend 67

好懂秒懂的商業獲利思維課

30 堂翻轉財務思考框架，開店、創業、經營、工作績效有感提升

作者｜郝旭烈
副總編輯｜郭玫禎
美術主編｜藍秀婷　封面設計｜李蕙雲　內頁排版｜周惠敏
行銷經理｜張育珊　行銷企劃主任｜呂佳玲

發行人｜張輝明　總編輯｜曾雅青　發行所｜三采文化股份有限公司
地址｜台北市內湖區瑞光路 513 巷 33 號 8 樓
傳訊｜TEL:8797-1234　FAX:8797-1688　網址｜www.suncolor.com.tw
郵政劃撥｜帳號：14319060　戶名：三采文化股份有限公司
初版發行｜2021 年 4 月 1 日　定價｜NT$420
　3 刷｜2023 年 9 月 20 日

suncolor